공기로
빵을
만든다고요?

인류 굶주림의 해결사
프리츠 하버의 삶과 과학
공기로 빵을 만든다고요?
|여인형 지음|
생각의힘

들어가기 전에

과학을 전공하지 않았더라도 퀴리부인이나 아인슈타인을 모르는 사람은 거의 없을 것이다. 그러나 하버는 인류 역사에 큰 공헌을 한 과학자임에도 일반인들에게는 생소한 인물이다. 하버가 누구인지 모르더라도, 우리는 일상생활에서 하버가 발명한 업적의 혜택을 톡톡히 누리고 있다. 하버가 비료의 대량 생산 방법을 찾아내지 못하였다면, 현재와 같은 식량 증산이 이루어지지 않아 전 세계 인구의 30% 정도인 약 20억 명이 존재하지 못하였을 것이며, 아울러 심각한 굶주림에 시달렸을 것으로 추정하고 있다.

"인류에게 커다란 이익을 안겨 주었다."라는 이유로 노벨상을 받은 과학자들은 인간의 지적 수준을 한 단계 끌어올리는 데 기여한 공적이 크다. 특히 과학 부문의 노벨상 업적은 새로운 자연 현상에 대한 이해의 폭을 넓혀 주기도 하지만, 세월이 지나면서 인류에게 실질적인 혜택을 주는 경우가 많다. 하버의 암모니아 합성에 대한 노벨상 업적은 그중에서도 으뜸이라고 할 수 있다. 비료 생산에 반드시 필요한 원료인 암모니아를 현재와 같이 공급하지 못하였다면, 인구 감소는 물론 오늘날 인류가 누리고 있는 풍요로운 식탁도 상상할 수 없었을 것이다. 그러나 한편에서는 인구가 늘지 않았다면 더 쾌적한 환경에서 현재보다 더 편안한 삶을 살았을 것이고, 무분별한 비료의 사용으로 오히려 지구의 오염이 예상보다 빠르게 진행되었다고 부정적인 시각으로 바라보는 사람들도 있다. 물론 과거의 발명이 현재에 미치는 부정적인 효과에 대해서 현재의 잣대와 시각으로 비판할 수는 있다. 그러나 하버의 발명이 없었다면 존재하지도 못하였을 약 20억 명의 인류를 생각해 보라.

오늘날 하버만큼 자신의 업적과 행위가 극명하게 대비되어 논란의 대상이 되는 과학자도 드물다. 왜냐하면 그의 노벨상 업적은 인류에게 커다란 이익을 주고 있지만, 그가 전쟁 중에 화학전을 앞장서서 지휘한 행위는 반인륜적인 것으로 평가받고 있기 때문이다. 하버가 공기에서 만들어 낸 암모니아가 비료 또는 폭탄의 원료가 되듯이 하버의 업적과 전쟁 행위도 따로 분리해서 생각할 수 없다. 이것은 오늘날까지 하버를 논란의 중심에 있게 만드는 요인이 되고 있다. 사실 하버는 제1차 세계 대전이 있기 전에 이미 암모니아 합성에 성공하였다. 그 결과 독일이 제1차 세계 대전 중에 자체적으로 수많은 폭약을 생산할 때 하버의 암모니아가 사용된 것이다. 화학 물질도, 그리고 인간도 이중성의 논란에서 벗어날 수 없는 똑같은 숙명을 안고 태어난 것처럼 느껴진다.

하버는 1868년에 폴란드에서 유대인의 아들로 태어나 자랑스러운 독일인으로서 삶을 살았고, 1934년에 스위스에서 죽음을 맞았다. 그는 유대인이었음에도 프리츠라는 독일식 이름에 걸맞게 누구보다도 독일을 사랑한 애국자였다. 또한 그는 과학 연구와 자신의 일에 몰두하며 열정을 다한 전형적인 일 중독자였다. 하버는 일에 대한 열정과 집념으로 암모니아 합성에 성공하였고, 독일에 대한 애국의 자세로 전쟁터에서 화학전을 지휘하기도 하였다.

인간으로서 하버의 일생은 과학자가 인류에게 커다란 영향을 미치는 결과를 얻으려면 엄청난 땀을 흘려야 하며 고통을 견뎌야 하고, 동시에 행운도 따라 주어야 한다는 줄거리를 가진 한 편의 드라마와 같다. 노벨상을 받은 많은 과학자들과 마찬가지로 하버에게도 노벨상은 목표가 아니라 그가 자신의 연구에 쏟았던 정열과 시간에 대한 조그마한 보상일 뿐이었다. 노벨상마저도 독일 과학에 대한 칭찬으로 받아들인 그의 태도는 독일에 대한 무한한 애국심을 넘어 경이로움까지 느끼게 한다. 그가 암모니아를 합성하는 데 성공하기까지 전개되었던 연구 및 실험 과정뿐만 아니라 특허를 둘러싸고 벌인 논쟁도 또 다른 한 편의 드라마이다. 하버가 남긴 업적이 오늘날에도 활발히 이용되고 있고 모든 인류가 그 혜택을 받는 것을 감안하면 그는 역사 속의 인물이 아니라 현재에도 우리와 함께 살아가는 인물이라고 할 수 있다.

필자가 수많은 노벨상 수상자 중에서 하버를 선택한 이유는, 첫째 공기로부터 암모니아를 만들어 낸 하버의 발명이 인류를 기근과 빈곤에서 구제해 준 위대한 인간 승리라고 판단하였기 때문이다. 둘째는 지구의 온난화와 자원 부족 문제를 동시에 해결해 줄 제2의 하버가 우리나라 화학자 중에서 나오기를 바라는 마음이 간절하기 때문이다. 화학자로서 이산화탄소와 물을 사용해서 포도당을 만드는 반응의 산업화에 성공하면, 질소와 수소를 사용해서 암모니아를 합성한 하버의 업적 이상으로 인류에게 지대한 공헌을 하는 것이라고 생각한다. 19세기 말에는 비료의 대량 생산으로 인류의 굶주림을 해결하는 것이 과제였다면, 21세기 초에는 이산화탄소의 감축과 지구 온난화 방지라는 두 마리 토끼를 동시에 잡는 것이 과제라고 생각된다. 두 과제의 공통점은 모두 공기 중에서 필요한 화학 물질을 뽑아서 유용한 물질로 변환해야 한다는 점이다. 하버는 화학자의 도움이 절실하게 필요하였던 시기에 적절한 해결책을 내놓았다. 오늘날에는 한국인 화학자 중에서 이 시대의 인류가 요구하는 해결책을 내놓기를 바라는 마음이 간절하다.

한편 이 책의 제목인 '공기로 빵을 만든다고요?' 는 '공기로부터 빵' 이라는 독일어 슬로건 'Brot aus Luft' 를 우리말의 의문문으로 바꾼 것이다. 이것에는 공기 중에서 질소를 뽑아서 만든 암모니아로 비료를 생산하고, 비료로 밀을 경작해서 빵을 만드는 모든 과정이 함축되어 있다.

끝으로 이 글을 쓰도록 배려해 주신 김제완 님(서울대학교 명예 교수)과 초교를 검토해 주시고 책으로 출판할 것을 적극 권장해 주신 백운기 님(서강대학교 명예 교수)께 감사를 드린다. 또한 과학문화진흥회를 통한 한국과학창의재단의 후원, 원고를 책으로 묶어 준 생각의힘 출판진 여러분의 노고에 감사를 드린다.

2013년 7월 남산에서

여인형

차례

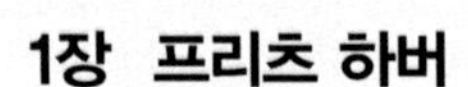

1장 프리츠 하버

2장 하버와 녹색 혁명

3장 하버의 눈물

4장 하버의 이름이 붙은 화학 반응과 그 원리

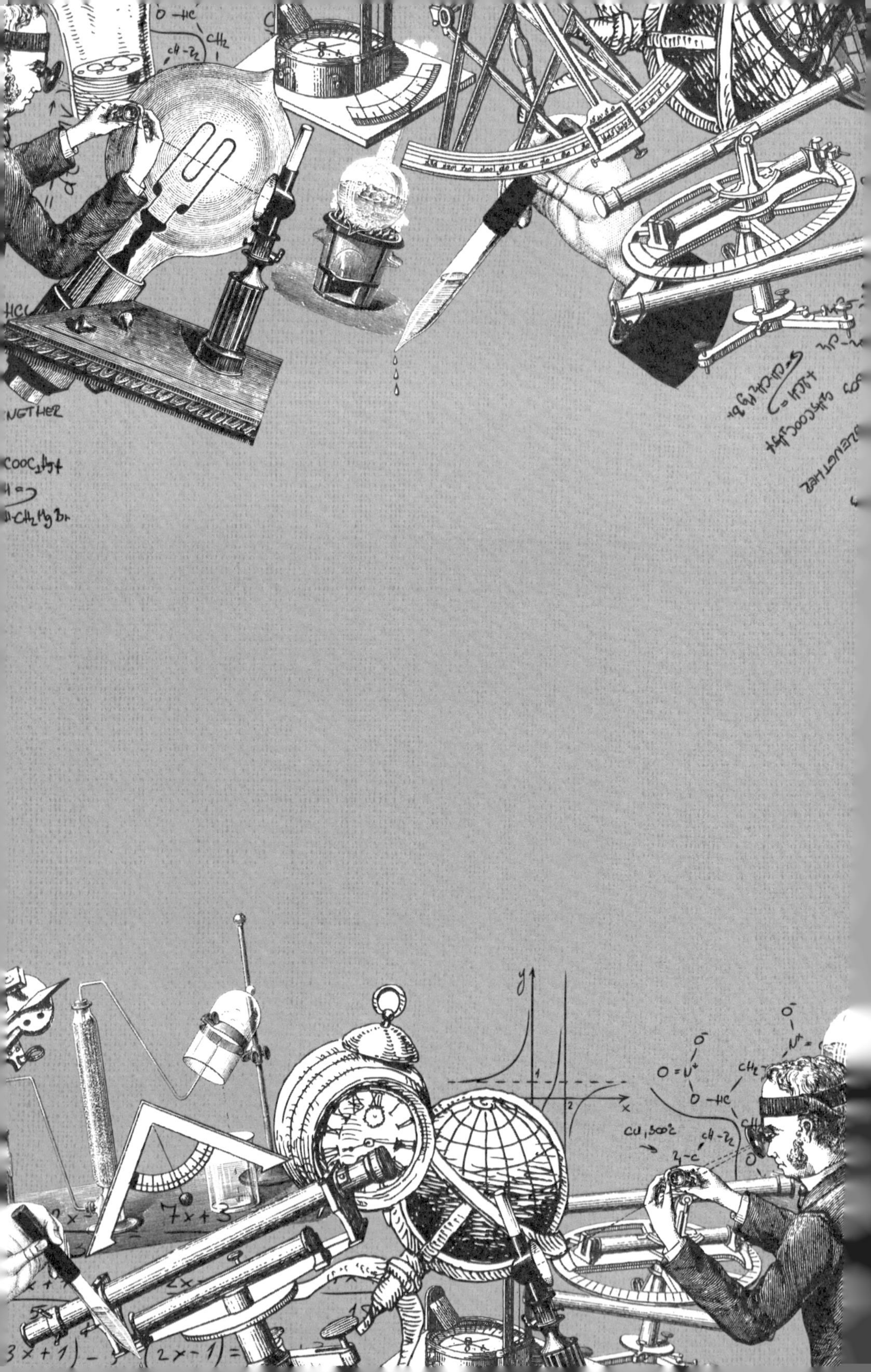

1장

프리츠 하버

프리츠 하버

호기심 많은 소년 시절

:: 어린 시절 하버(Fritz Haber, 1868~1934)

하버는 1868년 12월 9일 폴란드 브로츠와프(Wroclaw)에서 유대인인 아버지 시그프리드 하버(Siegfried Haber)와 어머니 파울라 하버(Paula Haber) 사이에서 태어났다. 아버지와 어머니는 사촌지간이었으며 어릴 때부터 같은 집에서 살았다. 하버의 경우처럼 유대인들은 사촌끼리 결혼하는 경우가 종종 있었다. 우리나라도 예전에는 한 울타리 안에서 사촌들이 함께 생활하는 경우는 많았지만, 결혼까지 이어진 경우는 거의 없었다. 동성 간의 결혼도 금지하고 있었으며, 사촌 간의 결혼은 감히 상상도 할 수 없는 일이었다.

브로츠와프는 폴란드의 서남쪽에 위치한 도시로, 시대 상황에 따라 폴란드, 독일, 프러시아, 오스트리아 제국으로 그 소속이 바뀌었다. 하버가 출생한지 3년 후인 1871년에 독일로 합병이 된 후에는 브레슬라우(Breslau)라는 이름으로 불려졌으며, 제2차 세계 대전이 끝난 1945년 이후에는 독일에서 폴란드로 그 소속이 바뀌었다. 하버의 출생지가 브레슬라우로 되어 있는 기록은 이러한 역사적 사실에서 비롯된 것이다.

하버는 거의 평생을 본인 스스로 자랑스러운 독일인으로 살았다. 그러나 엄밀히 말하면 그는 폴란드 출생의 유대인이었다. 하버의 어머니는 하버가 태어난지 3주 만에 출산 후유증으로 생을 마감하였는데, 하버의 아버지는 이를 하버 때문이라고 생각하여 평생 동안 아들과 원만하게 지내지 못하였다. 이 때문에 하버는 주로 주변의 친척 아주머니들의 보살핌을 받으며 성장하였다. 아버지는 곧 재혼을 하였으며, 염료 사업으로 돈을 벌어 가족을 부양하였다.

어린 시절, 하버는 책 읽기를 좋아하고 글 쓰는 재능이 뛰어났다. 시로 자신을 표현하는가 하면 짧은 시를 지어 주변을 놀라게 하기도 하였다. 외삼촌인 허만(Hermann)은 이러한 하버의 재능을 키워 주기 위해 많은 노력을 하였던 것으로 보인다.

하버는 처음에는 비교적 자유분방한 환경의 학교에 다녔다. 하버가 다닌 학교는 부모의 종교(개신교, 가톨릭, 유대교)에 상관없이 다양한 학생들

:: 하버의 행적을 따라서 ❶ 1868년 출생(폴란드) → ❷ 1886년 베를린 대학교 입학 → ❸ 1887년 하이델베르크 대학교 → ❷ 1890년 샬로텐부르크 공과대학교 → 1891년 베를린 대학교(박사 학위) → ❹ 1891~1893년 취리히 연방 공과대학교(스위스) → ❺ 예나 대학교 → ❻ 1894년 카를스루에 공과대학교 → ❷ 1911년 베를린 대학교, 하버 연구소 → ❼ 1934년 사망(스위스)

이 다니고 있을 정도로 개방적이었다. 그러나 당시에도 여전히 개신교와 유대교 학생 간에 보이지 않는 알력이 존재하였던 것으로 여겨진다.

몇 년 후에 하버는 개신교에 기반을 둔 엘리자베스 고등학교(Elisabeth High School)로 옮겼다. 하버의 아버지는 이 학교가 자신의 사무실에서 가까운 곳에 있는데다 하버의 친척과 친구들이 많이 다니고 있어 하버가 정서적 안정감을 찾는 데 도움이 된다고 판단하였던 것이다. 또한 비록 개신교를 기반으로 하여 설립된 학교였지만, 상당수의 유대인 자녀들이 다니고 있었다.

이 학교는 수녀원 부속학교로써 인성 교육을 강조하였으며, 독일어와 고전, 수학과 물리 과정이 있었다. 그러나 화학 실험은 교과 과정에 없었다. 하버가 나중에 학자로 크게 성장하여 물리화학 분야에서 커다란 업적을 이루었던 것도 고교 과정에서 배운 수학과 물리가 큰 도움이 되었을 것이라고 짐작할 수 있다. 그러나 어떤 계기로 화학에 눈을 뜨게 되었는지는 문서나 기록이 남아 있지 않아 정확히 알 수 없다. 아버지가 염료 판매업에 종사하였다고 하더라도 하버가 화학에 관심을 가졌다는 것과는 별개의 문제로 여겨진다. 단지 염료가 화학 물질이므로 평소에 관심을 가질 수 있는 기회가 충분히 있었다고 추정은 할 수 있다.

하버는 고등학교 때 처음으로 집에서 화학 실험을 하였다. 그러나 화학 실험 시 발생하는 냄새와 크고 작은 폭발 소리 때문에 곧바로 가족들이 알게 되었고, 사이가 좋지 않은 아버지로부터 실험 금지 명령이 떨어졌다. 이때 조카를 불쌍하게 여긴 외삼촌이 자신의 사업장 일부를 내주어 실험을 할 수 있도록 도와주었는데, 이것은 하버가 화학에 계속 관심을 가질 수 있도록 한 좋은 기회가 되었다.

하버는 1886년에 고등학교를 졸업하였으며, 당시 생활기록부 기록을 보면 하버는 재능이 있는데다 매우 열심히 노력하고 성적이 좋았다고 되어 있다. 타고난 재능도 있고 부지런함도 갖춘 모범생이었을 것으로 짐작할 수 있다. 라틴어 작문은 '불만족' 등급을 받았지만 많은 과목에서 '만족' 또는 '좋음' 등급을 받았다. 특히 수학과 역사 과목에서는 '매우 좋음' 등급을 받았다.

하버는 장래 직업으로 화학자의 길을 가기를 원하였다. 그러나 하버의 아버지는 장남인 하버가 자신의 사업을 이어가기를 바랐다. 마침 합성염료가 보급되면서 사업상 어려움을 겪고 있었기 때문에 하버의 도움이 더욱 절실하였던 것으로 보인다. 그러나 화학자를 꿈꾸던 하버는 외삼촌과 새어머니의 도움으로 아버지의 마음을 바꾸는 데 성공하였다. 그리고 드디어 1886년 겨울, 하버는 집을 떠나 베를린(Berlin)에서 대학을 다닐 수 있는 기회를 얻었다.

꿈을 향한 날개를 달다

:: 대학 시절의 하버

하버는 아버지와의 갈등을 피하기 위해 고향을 떠날 생각을 하고 있었던 것으로 보인다. 집에서 멀리 떨어진 베를린에 있는 프리드리히 빌헬름 대학교(Friedrich Wilhelm University, 일명 베를린 대학교라고 불린다.)에 다닐 수 있는 기회를 잡은 하버는 한층 마음이 들떠 있었다. 당시 독일의 수도인 베를린에는 고향에 비해서 다양한 문화를 즐길 수 있는 공연장도 많았고, 이미 베를린으로 진학한 친구나 친척들도 있었다. 갈등이 있는 아버지 곁을 떠나는 것만으로도 좋은데, 다양한 경험을 할 수 있는 곳에서 대학을 다니게 되었으니, 하버에게는 이것이 유일한 선택인 동시에 그 기쁨이 매우 컸을 것이다.

1810년 문을 연 베를린 대학교(University of Berlin)는 1828년에 프리드리히 빌헬름 대학교로 이름이 바뀌었다가 1949년에 현재의 베를린 훔볼트 대학교(Humboldt University of Berlin)로 또 한 번 이름이 바뀌었다. 따라서 하버가 입학할 당시인 1886년에는 프리드리히 빌헬름 대학교였다. 하버가 베를린 대학교에서 공부하고 싶었던 또 다른 이유는 그곳에 재직하고 있는 유명한 교수들 때문이었다. 당시 동대학 및 동대학 부설 화학 연구소에는 저명한 과학자들이 많이 근무하고 있었다. 그중 한 명이 화학 연구소 소장을 맡고 있던 호프만(August Wilhelm von Hofmann, 1818~1892) 교수였다. 호프만 교수는 특정 화학 반응에 이름이 붙어 있는 저명한 화학자로, 대학교 유기화학 강의에서 배우는 호프만 재배열 반응과 호프만 제거 반응에 그의 이름이 붙어 있다. 또 그 대학에 재직하고 있는 유명한 과학자로는 헬름홀츠(Hermann Ludwig Ferdinand von Helmholtz, 1821~1894)가 있었다. 헬름홀츠는 의사 겸 물리학자로서 에너지 보존 법칙, 전자기학, 화학 열역학 분야에서 위대한 업적을 남겼다. 또한 그는 생리학 및 생리 광학 등에도 큰 기여를 하였다. 화학과 물리학의 열역학 과목에서 반드시 배우는 헬름홀츠 자유 에너지에 그의 이름이 붙어 있다. 헬름홀츠 자유 에너지는 일정한 온도와 부피에 있는 고립계에서 유용한 일로 변환할 수 있는 에너지를 말한다. 이것은 일정한 압력과 온도에서 계가 유용한 일로 변환할 수 있는 깁스 자유 에너지와 비교되는 자유 에너지로 자주 등장하는 개념이다.

베를린 대학교의 화학 연구소 소장은 전통적으로 저명한 과학자들이 맡아 왔다. 1892년부터는 호프만 교수의 뒤를 이어 피셔(Hermann Emil Fischer, 1852~1919) 교수가 소장을 맡았다. 피셔는 1902년에 노벨 화학상을 수상한 유기화학자이다. 보통 비대칭 탄소를 포함하는 유기 화합물의 3차원 공간 배열을 2차원 평면에 투영하여 표현한 것을 일반적으로 피셔 투영식이라고 한다. 피셔 투영식은 유기화학과 생화학에서 비대칭 탄소를 포함하는 유기 화합물, 특히 탄수화물이나 아미노산의 구조를 배울 때 반드시 나오는 개념으로 모든 유기화학 교과서에 실려 있다. 이와 같이 하버가 대학을 지원할 당시에도 베를린 대학교의 화학 연구소는 그 명성이 대단하였다. 하버는 노벨상을 받고 화학 분야에서 저명인사가 되었을 때에도 자신이 피셔 교수의 명성을 이어 받을 후계자로 지명되었다는 사실을 평생의 영광으로 생각하고 살았던 것 같다.

하버는 베를린 대학교에서 첫 학기를 마치고 1887년 여름에 하이델베르크 대학교(University of Heidelberg)로 옮겨 공부를 계속하였는데, 그 이유는 정확하게 밝혀지지 않았다. 하버가 베를린 대학교에 입학할 당시에 호프만과 헬름홀츠는 이미 60대 중후반에 접어들었기 때문에 아마도 젊고 활력이 넘치는 하버를 매료시킬 만한 강의 열정이 다소 부족하였을 것이라는 점도 하버가 베를린 대학교를 떠난 하나의 이유가 될 수 있을 것이다. 그렇지만 하버는 베를린 대학교에서 딜타이(Wilhelm Dilthey, 1833~1911) 교수의 철학 강의에 매료되어 열심히 그의 강의를 들었다. 딜타이 교수는 철학자 헤겔(Georg Wilhelm Friedrich Hegel, 1770~1831)의 후임으로 1882년부터 강의를 맡고 있었다. 딜타이 교수의 철학 강의는 후에 하버에게 큰 도움이 되었는데, 몇 년 후 하버가 화학으로 박사 학위 논문 심사를 받을 때 철학과 관련된 질문에 대한 답을 잘할 수 있는 바탕이 되었던 것이다. 그 결과 학위 논문 심사를 무사히 통과할 수 있었다. 비록 베를린 대학교에서 화학 공부에 대한 동기 부여를 찾지는 못한 것으로 보이지만, 화학이 그의 관심에서 멀어진 것은 아닌 것 같다. 하버는 하이델베르크 대학교로 학적을 옮겨서도 화학을 계속 공부하였다.

하버가 하이델베르크 대학교로 옮길 당시에 하이델베르크 대학교에는 유명한 화학자인 분젠(Robert Bunsen, 1811~1899) 교수가 재직하고 있었다. 분젠은 가열된 원소의 방출 스펙트럼을 분석해서 키르히호프(Gustav Kirchhoff, 1824~1887)와 공동으로 세슘(Cs)과 루비듐(Rb)을 발견한 과학자이다. 키르히호프는 전기회로를 해석할 때 사용되는 전압 전류 법칙인 키르히호프 법칙으로 유명한 물리학자로, 흑체 복사에 관한 법칙을 연구하고 처음 발표하였다. 분젠은 현재 화학의 한 분야로 매우 중요하게 인식되는 광화학 분야의 개척자이기도 하다. 중 · 고등학교는 물론 대학 실험실에서 자주 이용되는 불꽃 가열 기구를 흔히 분젠 버너라고 하는데, 이것은 가연성 기체 연료와 공기를 조절하여 그을음이 없고 열이 발생하는 불꽃 버너를 말한다. 분젠 버너는 새로운 원소들을 발견하는 도구로 활용되어 화학 주기율표의 빈칸을 채우는 일에도 공헌하였다. 일반적으로 원소에 에너지를 가하면 그 원소만이 낼 수 있는 독특하고 유일한 파장 여러 개가 혼합된 빛이 방출되므로, 특정 원소를 포함하는 소량의 용액이나 알갱이를 분젠 버너의 불꽃에 집어넣고 방출되는 빛의 파장을 분석하면 그 원소가 무엇인지 알 수 있다. 또한 순수한 원소인지 아니면 원소들의 혼합물인지 여부도 파악할 수 있다. 대학교 일반화학 실험에서는 분젠 버너를 이용해서 알칼리 금속들을 확인하는 간단한 실험을 한다. 백금선에 각 금속 용액을 적시고, 그 백금선을 분젠 버너 불꽃 속에 집어넣으면 리튬(Li)은 빨간색, 나트륨(Na, 소듐이라고도 한다.)은 노란색 등으로 쉽게 구별할 수 있다. 그의 이름이 붙여진 분젠 버너는 오늘날에도 전 세계 많은 실험실에서 사용되고 있다. 평생 특허를 내지 않아서 버너의 제조 판매에 대한 권리마저 자신의 조교에게 전적으로 양도하였다는 이야기는 분젠과 관련된 유명한 일화이다. 또한 분젠은 평생을 독신으로 지내면서 과학에 대한 열정을 불태웠다고 한다.

하버가 하이델베르크 대학교로 옮길 당시에 분젠 교수는 이미 일흔을 넘긴 나이였다. 그렇지만 하버는 분젠 교수에게서 연구자의 자세, 즉 실험의 정확성과 측정의 정밀성을 비롯하여 끈기, 열정의 중요성을 충분히 배웠던 것으로 보인다. 나중에 하버 자신이 교수로서 학생들을 가르치고 지도하며 엄한 훈련을 시킨 것도 모두 분젠 교수의 연구실을 거치면서 몸에 익은 연구 경험과 지도력이 뒷받침하고 있었다는 것을 알 수 있다. 엄격한 선생의 문하에서 연구하는 법을 제대로 전수받고 훈련받은 문하생들이 계속해서 그 연구실의 전통을 이어가고 있는 것은 동서양이 크게 다르지 않다는 것을 말해 주고 있다. 특히 하버는 박사 학위를 받은 후에 카를스루에 공과대학교(Karlsruhe Institute of Technology)에서 연구하고 가르칠 때에도 분젠 불꽃을 연구하였고, 유사한 주제를 학생들의 연구 과제로 내주기도 하였다. 이와 같이 하버의 과학자로서 필요한 태도와 접근 방법, 정신력은 분젠 교수 연구실에서 기초를 닦았다고 해도 과언이 아니다. 하버는 하이델베르크 대학교에서 익힌 훈련과 공부를 통해서 자신을 성장시키고 한 단계 끌어올려 세계적인 학자로 명성을 날릴 수 있게 되었다.

새로운 시작과 실패

:: 하버의 첫 번째 아내 임메르바르
(Clara Immerwahr, 1870~1915)

하버는 대학 시절 화학은 물론 다른 방면에도 열심이었던 것으로 보인다. 하버의 얼굴에 남은 상처도 대학생 때 생긴 것인데, 이것은 남학생만으로 구성된 사교 클럽에서 명예가 걸린 결투를 벌이다가 입은 상처라는 설과 하버의 저돌적이고 용감한 성격으로 인해 사고로 다쳤다는 설이 있다.

하버는 1889년 여름, 대학을 다니는 중간에 하이델베르크를 떠나 고향인 브레슬라우로 가서 1년간 군 복무를 하였다. 당시 독일에서 대학생은 반드시 군 복무를 의무적으로 마쳐야 하였고, 군 복무에 필요한 모든 비용도 학생 자신이 지불하였다. 그런데 당시 군 복무에 필요한 재정적인 지원은 부모의 도움 없이는 불가능한 일이었다. 비록 하버의 아버지는 아들과 대립 관계에 있었지만, 부모로서 하버의 성장과 교육에는 최대한 지원을 아끼지 않은 것으로 보인다.

하버는 포병연대에서 1년간 근무를 하였는데, 당시 시간적 여유가 있었는지 주둔지 근처에 있는 브레슬라우 대학교에서 철학 강의도 듣고, 저녁에는 학술적인 문학 클럽에도 참석해서 토론도 하였다. 첫 번째 부인인 임메르바르를 만난 것도 이때였다. 하버는 약 10년 후인 1901년에 임메르바르와 결혼하였다. 하버보다 두 살이 어렸던 임메르바르는 아버지가 화학자인 유대인 가정에서 태어나서 브레슬라우 대학교에서 화학 박사 학위를 받았다. 임메르바르는 브레슬라우 대학교에서는 물론 독일에서 박사 학위를 받은 최초의 여성이었다. 당시 여성의 사회적 차별이 매우 심했음에도 불구하고 박사 학위까지 받았다는 것은 정말 대단한 일이 아닐 수 없다. 독일에서 여성의 참정권이 허용되고 투표를 할 수 있었던 것은 1918년이 되어서였다. 임메르바르가 박사 학위까지 취득한 것으로 봐서 그녀 역시 하버 못지않은 도전 정신과 정신력을 소유하고 있었던 것으로 짐작된다.

하버는 연구실 밖에서도 사교 활동이 활발하였다. 집으로 동료 과학자는 물론 여러 계층의 사람들을 초대해서 과학, 철학, 사회 등 매우 다양한 주제를 가지고 토론을 하였다. 외향적인 성격의 하버와는 달리 임메르바르는 차분하고 내성적인 성격의 소유자였다. 하버는 전문직 동료로서 임메르바르를 인정하고 격려하기보다는 자신과 가족을 돌보는 현모양처의 길을 더 원하고 강요하였던 것으로 보인다. 따라서 아마도 임메르바르는 여성의 권리가 거의 보장되지 않았던 시대를 살면서 사회나 가족에게서 자신의 능력을 제대로 인정받지 못하는 엘리트 여성으로서 겪는 심적 고통이 매우 컸을 것으로 짐작된다. 가정보다는 자신이 속한 사회와 과학 연구에 더 많은 관심과 정열을 쏟았던 하버와 자신의 일도 추구하면서 단란한 가정을 꾸리기를 원하였던 임메르바르의 갈등은 날이 갈수록 더 심해졌다.

그러다가 제1차 세계 대전이 시작되고 하버가 독가스를 연구하고, 그것을 실행하는 업무의 주 담당자가 되면서 갈등과 불만의 폭은 더욱 깊어졌다. 임메르바르는 하버가 1915년 4월에 벨기에의 이프르(Ypres)에서 처음으로 독가스 공격을 지휘하고 난 후, 잠시 집에서 휴식을 취하는 사이에 하버의 권총으로 자살함으로써 생을 마감하였다. 이때 그의 사랑하는 아들 헤르만 하버(Hermann Haber, 1902~1946)는 겨우 열두 살이었다. 아마도 그녀 자신도 화학자였기 때문에 하버가 연구소에서 전쟁 중에 하는 일의 내용을 훤히 알고 있었을 것이고, 그 일의 결과도 충분히 예측하였을 것이다. 더구나 남편에게 그 일을 중단할 것을 간청하고 노력을 기울여 보았지만 소용없자, 가정보다는 일과 조국에 더 많은 시간과 정열을 쏟는 남편이 악마처럼 느껴졌을 수도 있을 것이다. 또 그녀 역시 전쟁 중에 하버가 관여하고 있는 연구소에서 일을 하면서 독성 물질의 개발에 따른 사고로 가까운 사람들이 죽어나가는 것을 목격하였고, 그것으로 인해서 심적 고통도 매우 심해서 극단적인 선택을 한 것으로 미루어 짐작할 뿐이다.

하버의 가정생활은 그야말로 불행의 연속이었다. 하버의 결혼 생활은 두 번째 결혼마저도 10년을 채우지 못하고 이혼으로 끝이 났고, 두 번째 부인인 샤롯데 네이단(Charlotte Nathan)에게 많은 돈을 위자료로 지불하여 경제적으로도 어려움을 겪었다. 비록 하버가 죽은 후이기는 하지만 하버의 아들도 자살로 생을 마감하였다.

열정과 노력의 길

:: 베를린 대학교 전경

하버는 군 복무를 마치고 1890년 가을에 베를린으로 다시 돌아왔다. 그는 샬로텐부르크 공과대학교(Charlottenburg Institute of Technology, 현 베를린 공과대학교)에 등록을 한 후 리버만(Carl Liebermann, 1842~1914) 교수의 지도를 받으며 유기화학 분야에 대한 공부와 연구를 계속해 나갔다. 리버만 교수 역시 하버와 마찬가지로 하이델베르크 대학교에서 공부를 시작해서 베를린 대학교에서 바이어(Adolf von Baeyer, 1835~1917) 교수의 지도로 박사 학위를 받았다. 바이어 교수는 1905년에 노벨상을 수상한 유기화학자로, 염료인 인디고(indigo)를 처음으로 합성한 것으로 알려져 있다. 인디고는 청바지의 독특한 색을 띠는 청색 염료로, 실험실에서 인공으로 합성되기 전까지는 식물에서 추출하는 공정을 거쳐야 얻을 수 있는 매우 귀하고 비싼 염료였다. 바이어 교수 역시 하이델베르크 대학교에서 분젠 교수의 지도를 받았다.

흥미롭게도 바이어, 리버만, 하버 모두 분젠 교수가 화학을 강의하는 하이델베르크 대학교에서 화학 공부를 본격적으로 시작하고, 베를린 대학교에서 박사 학위를 받았다는 공통점을 가지고 있다. 한편 하이델베르크 대학교는 1386년에 세워진 독일에서 가장 오랜 전통을 지닌 세계적인 대학으로 손꼽힌다.

하버는 1891년 5월에 드디어 베를린 대학교에서 박사 학위를 받았다. 하버를 지도하였던 리버만 교수는 샬로텐부르크 공과대학교와 베를린 대학교에서 동시에 교수직을 겸하고 있었으나 1899년까지 샬로텐부르크 공과대학교에서는 박사 학위를 인증할 수 없었다. 따라서 하버는 박사 학위를 줄 수 있는 베를린 대학교에서 박사 학위를 받은 것이다. 하이델베르크 대학교, 샬로텐부르크 공과대학교, 베를린 대학교를 빛낸 졸업생 명단을 보면 모두 하버가 포함되어 있는데, 그 이유는 하버가 각 대학에서 공부를 하고, 학위를 받았기 때문이다. 즉 하버는 1886년 겨울 베를린 대학교에서 화학을 공부하기 시작하였고, 하이델베르크 대학교에서 본격적인 훈련을 받았으며, 다시 베를린에 있는 샬로텐부르크 공과대학교에서 공부와 연구를 하였다. 그리고 박사 학위는 베를린 대학교에서 받았다. 이때 하버의 나이는 겨우 22세였다. 고등학교를 졸업한지 약 5년 만에 박사 학위를 받았으니 머리도 매우 뛰어났고, 일에 대한 열정이 대단한 인물임에는 틀림이 없다.

하버의 박사 학위 논문은 피페로날(Piperonal)의 유도체(유기 화합물)에 대한 연구로, 하이델베르크 대학교 분젠 연구실에서 공부한 내용과는 다소 거리가 있는 내용이었다. 하버가 왜 유기화학을 전공한 리버만 교수를 지도 교수로 택하였는지 자세한 이유는 알 수 없다. 다만 그 당시 실험실에서 염료를 합성하는 것은 매우 큰 연구 주제였고, 성공하면 상당한 돈을 벌 수 있는 기회를 가질 수 있는 분야였다. 특히 지도 교수인 리버만 교수는 식물의 뿌리에서 추출하던 빨간색 염료인 알리자린(alizarin)을 콜타르(coal tar)에 포함되어 있는 안트라센(anthracene)으로 합성하여 특허를 낸 과학자였다. 그것의 파급 효과는 굉장히 컸다. 왜냐하면 공장에서 대량으로 염료를 생산할 수 있게 되면서 기존의 천연염료가 설 자리가 없어졌기 때문이다. 따라서 식물을 재배하여 생산하던 기존의 염료 산업은 가격 경쟁에서 밀릴 수밖에 없게 되었다.

하버는 다른 사람보다 염료에 대한 개인적인 관심과 이해가 더 컸을 것으로 생각된다. 자신의 아버지가 운영하는 사업이 염료에 관한 것이었고, 염료를 인공적으로 실험실에서 합성하는 일에 대한 의미와 경제적 파급 효과에 대해서도 잘 알고 있었을 것이다. 그러므로 부와 명예를 거머쥘 수 있는 염료의 합성과 개발에 패기 있고 용기 있는 젊은이들이 도전하는 것은 자연스런 일이었다.

하버는 자신의 박사 학위 논문에 대해서 불만이 많았던 것으로 보인다. 친구에게 보낸 편지에는 자신이 학위 논문 내용에 얼마나 실망하고 있는지, 심지어 학술 잡지에 발표도 못할 수준이라고 자책하는 심정이 잘 드러나 있다. 특히 심사 과정에서 한 심사위원의 질문에 답을 제대로 하지 못한 것처럼 보인다. 심사위원의 한 사람으로 참여한 물리학자의 질문은 "전해질 용액의 저항을 어떻게 측정하는가?"였고, 하버는 이에 대해 답변을 제대로 못하여 학위 논문의 성적이 깎였다. 그러나 훗날 하버는 독학하다시피 해서 전기화학 분야에서 이름을 알린다. 하버의 경우를 보면, 학위 과정까지 배우고 습득하였던 지식의 양은 후에 과학자로서 성공을 거두는 일과 상관관계가 그리 크지 않다는 것을 말해 준다.

하버는 철학 지식을 파악하는 질문에는 답을 매우 잘하였는데, 앞에서도 언급하였듯이 베를린 대학교 딜타이 교수의 철학 강의에 심취하였던 것이 많은 보탬이 된 것이다. 물론 하버가 그런 상황을 예상하고 철학 강의를 열심히 들었을 것 같지는 않다. 다방면에 걸친 교육을 받고 성장한 젊은이라면 젊은 시절에 철학에 심취하지 않을 수 없었을 것이다. 하버의 박사 학위 논문 성적은 우등 등급이었다. 당시 박사 학위 논문 심사를 받으려면 학위 과정에서의 연구와 실험 내용을 비롯하여 심사위원이 중요하게 생각하는 과학 주제에 대한 질문, 심지어 철학에 관한 질문에 대한 답변도 잘해야만 하였다. 피심사자인 학생들에게는 박사 학위 심사 과정이 현재의 박사 학위 심사 과정보다 훨씬 더 까다롭고 힘들었을 것으로 보인다. 오늘날 박사 학위 심사 과정과는 매우 다른 풍경임을 알 수 있다.

과학자로서 꿈을 이루다

:: 청년 시절의 하버

하버는 1891년 5월에 박사 학위를 받은 후 이곳저곳을 다니면서 약 3년간 연구 경험을 쌓았다. 화학공장에서 화학공정에 관한 기술을 습득할 기회도 있었고, 대학에서 연구생 신분으로 새로운 분야에 대한 연구 경험을 쌓는 기회를 가지기도 하였다. 또한 스위스 취리히(Zurich)에 있는 연방 공과대학교(Polytechnic College, 후에 Swiss Federal Institute of Technology

로, 현재는 ETH, Eidgenössische Technische Hochschule로 이름이 변경되었다.)에서 약 한 학기 동안 일하였는데, 당시 지도 교수인 룽게(Georg Lunge, 1839~1923)는 하버와 같은 브레슬라우 출신으로 하버와 함께 분젠 교수의 문하에서 공부한 경험이 있는 선배 과학자였다. 하버는 그곳에서 무기 화합물의 새로운 분석법을 익히고, 화학공정에 관한 식견을 넓힐 수 있었다. 그러다가 자신의 사업을 이어 나가길 바라는 아버지의 요청으로 잠시 고향에 들러서 아버지 사업을 도왔는데, 오히려 아버지 사업에 손실을 끼치는 결과를 낳았다. 그것은 석회(lime)의 수요 예측과 관련된 일이었다. 당시 유럽에 콜레라가 광범위하게 확산되자 콜레라 차단 소독용으로 사용되는 석회를 다량 구매하였는데, 하버의 예측과 달리 콜레라 확산이 급속히 축소되면서 석회의 수요가 대폭 줄어들어 손실이 난 것이었다.

아버지를 위하고자 한 일에 의도치 않게 피해를 주게 되자 하버는 다시 고향을 떠나서 예나 대학교(University of Jena)에서 무보수로 연구 경험을 쌓기 시작하였다. 지금은 박사 후 연구 과정을 이수하는 연구자가 보수를 받지 않고 일을 하는 경우가 매우 드물지만, 당시에는 그렇게 이상한 일이 아니었을 것이다. 기본적으로 교육에 필요한 비용과 시간을 충분히 감당할 수 있을 만큼 경제적으로 부유한 자제들이 공부를 하는 경우가 많다 보니 무보수로 일하는 것이 특이한 일은 아니었을 수도 있다. 한편 예나 대학교에서 하버의 지도 교수였던 크노르(Ludwig Knorr, 1859~1921)는 실험실에서 최초로 합성한 약인 페나존(phenazone 또는 antipyrin)의 상업화에 성공한 과학자로, 페나존은 아스피린이 나오기 전까지 가장 많이 애용된 진통제이다.

하버는 예나 대학교에서 물리화학 분야에 새롭게 관심을 갖게 되었고, 그 분야에 대한 연구를 하기를 원하였다. 이제까지 잘 접해 보지 못하였던 분야인 물리화학 강의를 듣고 매력을 느낀 것처럼 보인다. 그래서 당시 라이프치히 대학교(University of Leipzig)에서 물리화학 연구소를 이끌고 있는 물리화학 분야의 거장인 오스트발트(Friedrich Wilhelm Ostwald, 1853~1932) 교수 연구실에서 연구 조수로 연구 경험을 쌓기를 바랐다. 이에 하버는 오스트발트 교수에게 편지도 보내고, 직접 면담까지 하는 등의 노력을 하였지만 뜻을 이루지 못하였다. 재미난 사실은 하버가 모두 세 번이나 오스트발트 교수의 연구 실험실에 합류하기를 원하여 문을 두드렸지만, 오스트발트는 끝내 하버를 제자로 받아주지 않았다는 점이다.

예나 대학교에 있는 동안 유대인인 하버는 기독교로 종교를 바꾸는 큰 결정을 내렸다. 그러나 하버가 왜 종교를 바꾸었는지 기록으로 남아 있는 것은 없다. 여러 가지 정황으로 짐작해 볼 때 예나 대학교의 설립 기반이 루터교에 중심을 두고 있었으므로 자연스럽게 기독교 문화를 접하게 되었고, 그에 따라 종교를 바꾸게 되었을 것으로 생각된다. 기독교로 개종한 또 다른 이유로는 유대인으로서 상류사회 진입을 위한 걸림돌을 제거하기 위해, 또는 아버지에 대한 오랜 반감을 행동으로 옮겼거나 또는 통일 독일에서 문화적 유행을 따른 것으로 짐작할 수 있다. 군 복무에서 장교로 진급을 하지 못하였던 점, 하버의 아버지가 아들의 개종 사실에 분개하였다는 점, 그 당시 많은 유대인들도 개신교로 종교를 변경하였던 점은 앞선 짐작들의 타당성을 어느 정도 보여 준다.

1894년에 하버는 카를스루에 공과대학교에서 분테(Hans Bunte, 1848~1925) 교수의 연구 조수로서 본격적으로 전문가의 길을 걷기 시작하였다. 분테 교수가 처음 하버에게 준 연구 과제는 '탄화수소의 열분해'에 대한 것이었다. 이 과제는 하버가 그동안 전혀 경험하지 못한 연구 분야로, 탄화수소에 열을 가해서 분해 생성물과 그 생성물의 양이 얼마나 되는지를 분석하는 일이었다. 흥미롭게도 하버에게 주어진 과제는 분테 교수의 실험실을 거쳐 간 여러 젊은 연구자들이 도전해서 실패한 연구 과제였던 것이다. 그러나 하버는 이 연구 과제의 분석 방법을 면밀히 검토하고 개선한 결과, 연구에 상당한 진전을 이루었다. 열악한 연구 환경에서도 방향족 탄화수소의 탄소-탄소 결합이 탄소-수소 결합보다 더 열안정성이 높다는 것과 지방족 탄화수소의 탄소-탄소 결합이 오히려 탄소-수소 결합보다 열안정성이 낮다는 것을 밝혀냈다.

하버의 교수 자격을 얻기 위한 논문의 주제도 열분해에 관한 것이었다. 이때 하버는 처음으로 독립적인 연구를 시작하였는데, 유기 화합물의 열분해에 관한 연구 역시 당시에는 거의 알려지지 않은 새로운 연구 분야였다. 그렇지만 하버의 열분해 연구에 대한 업적은 오늘날의 시각으로 볼 때도 고전에 속할 정도로 대단한 것으로 평가되고 있다.

하버는 카를스루에 공과대학교에서 연구 이외에도 그의 장래 경력에 커다란 도움이 되는 경험을 할 기회를 얻었다. 그것은 대학 연구 결과를 산업계 기술에 접목시키는 일을 경험하고, 대학과 산업체가 협력하는 기관의 운영에 관한 노하우를 배운 것이었다. 하버는 대학 강사 자격을 얻어 분테 교수 연구실 소속으로 카를스루에 공과대학교에 머물며 강의도 하였다. 물리화학 분야 연구에 지속적인 관심을 가지고 있던 하버는 강사 자격 논문을 오스트발트 교수에게 보냈고, 다시 오스트발트 교수의 연구실 문을 두드렸다. 그러나 결과는 함흥차사였다.

하버의 관심 분야는 물리화학 분야 중에서도 특히 전기화학 분야였다. 전기화학은 영국에서 다니엘(John Daniell, 1790~1845), 데이비(Humphry Davy, 1778~1829), 패러데이(Michael Faraday, 1791~1867) 등이 이미 오래전에 시작한 분야였다. 먼저 다니엘은 다니엘 전지를 만든 과학자로, 다니엘 전지는 아연(Zn)의 산화와 구리(Cu) 이온의 환원 반응을 이용한 전지이다. 쉽고 간단하게 만들 수 있어서 중 · 고등학교에서도 시범용 실험으로 많이 활용되고 있다. 데이비는 패러데이의 스승으로 전기화학 분야에서 매우 중요한 업적을 남긴 영국의 과학자이다. 특히 그는 나트륨, 칼륨(K, 포타슘이라고도 한다.), 칼슘(Ca)과 금속을 전기분해를 통해서 분리하였는데, 칼륨은 전기분해를 통해서 처음으로 분리된 금속이다. 패러데이는 패러데이 상수 및 패러데이 법칙으로 유명한 화학자 겸 물리학자로, 초등학교의 학력으로 최고의 과학자 반열에 오른 입지전적인 인물이다. 패러데이 법칙은 화학 반응 생성물의 양과 전하량과의 관계를 규정짓는 중요한 법칙이다.

전기화학과 연관된 전해질 및 이온의 해리 및 평형에 관한 연구는 스웨덴의 아레니우스(Svante Arrhenius, 1859~1927), 네덜란드의 반트호프(Jacobus Henricus van't Hoff, 1852~1911) 등이 하고 있었다. 아레니우스는 이온 해리에 관한 기초 이론을 처음으로 세운 스웨덴의 화학자로서 1903

년에 노벨 화학상을 수상하였다. 아레니우스는 당시에 이미 지구 평균 온도가 이산화탄소의 양과 밀접한 관련이 있다는 것과 지구의 온난화가 일어날 것이라는 것을 실험 결과를 바탕으로 예측하였다. 반트호프는 삼투압, 화학 평형의 확립에 막대한 공헌을 한 과학자로, 1901년에 노벨 화학상을 최초로 수상하였다.

독일의 전기화학 및 물리화학 분야에서는 앞서 이야기하였던 오스트발트와 네른스트(Walther Nernst, 1864~1941) 등이 활발하게 연구 활동을 하고 있었다. 오스트발트는 질산을 생산하는 공정을 처음 개발한 과학자로, 그 공정을 오스트발트 공정이라고 하며 1909년에 촉매와 평형에 관한 업적으로 노벨 화학상을 수상하였다. 네른스트는 열역학 제3법칙을 주창한 과학자로, 1920년에 노벨 화학상을 수상하였다. 그의 이름이 붙은 네른스트 방정식은 화합물의 활동도와 전위 관계를 나타내는 식이다.

이와 같이 하버가 전기화학에 관심을 가질 당시에는 근대 전기화학 및 물리화학의 기초를 세운 유명한 과학자들이 전기화학의 기본 원리와 실험 방법 등과 같은 뼈대를 다듬어 가는 중이었다.

한편 오스트발트 교수에게서 물리화학 및 전기화학 분야에 대해서 연구 경험을 쌓는 기회조차 얻지 못한 하버는 이제 스스로 자신의 길을 개척해야만 하는 상황이 되었다. 그러나 하버에게 매우 다행스러운 일이 생겼다. 1896년에 하버의 전기화학에 대한 욕구를 채워 줄 스승이자 동료인 러긴(Hans Luggin, 1863~1899)이 카를스루에 공과대학교에 새로 부임해 온 것이다. 러긴은 카를스루에 공과대학교에 오기 전에 스웨덴의 스톡홀름(Stockholm)에 있는 아레니우스 연구실에서 2년 동안 전극의 편극 현상에 대한 이론과 실험을 하여 연구 경험이 풍부하였다. 또한 전기화학 분야 이론에도 실력이 탄탄하였다. 러긴은 하버가 연구자로서 그토록 연구 지도와 수련을 쌓고 싶어 하였던 오스트발트 교수의 연구 내용도, 유명한 네른스트 교수의 연구 내용도 잘 파악하고 있었다. 참고로 전기화학 장치에서 전극 반응이 진행되는 전극인 작업 전극의 전위를 정확하게 조절하기 위해서 기준 전극을 담가 놓는 모세관을 러긴 모세관 또는 러긴-하버 모세관이라고 한다. (러긴-하버 모세관에 대한 자세한 설명은 뒤에 제시하였다.)

이와 같이 전기화학 이론과 실험으로 완전하게 무장한 오스트리아의 신진학자 러긴은 하버에게 더 없이 좋은 동반자이자 스승이었다. 이 때문에 하버는 러긴이 카를스루에 공과대학교에 부임해 온 것을 누구보다 기뻐하였다. 이후 두 사람은 학교에서 수많은 토론과 질문을 계속하며 연구를 해 나갔다.

그 결과 러긴이 부임한지 2년 만인 1898년에 하버는 전기화학에 관한 책 『Outline of technical electrochemistry based on theoretical foundations: Grundriss der technischen Elecktrochemie auf theoretischer Grundlage』를 발표하였다. 하버는 전기화학에 관한 연구를 할 때 러긴의 도움을 받기는 하였지만, 대부분은 독학으로 내용을 터득하였다. 게다가 이렇게 터득한 것을 2년 만에 책으로 낸다는 것은 일반 과학자라면 엄두도 내기 어려운 일이다. 이것은 하버가 관심 있는 분야에 몰두하면 얼마나 많은 정열을 쏟아 붓고, 그것을 완성해 내는 능력이 뛰어났는지를 보여 주는 상징적인 사건이다.

이 책은 전기화학에 관한 연구를 소개하고 있으며, 특히 하버 자신의 전기화학 분야의 연구 결과도 담고 있다. 책 내용 중에 하버 자신이 수행한 나이트로벤젠(Nitrobenzene)의 환원에 대한 연구는 전기화학자는 물론 유기화학자들로부터도 많은 관심을 받았다. 화합물을 환원시키는데 시약을 사용하지 않고 전위를 조절하여 환원제 이상의 효과를 볼 수 있는 방법이 개발된 것이다. 하버는 유기화학 분야에서 박사 학위를 받았기 때문에 전극을 이용해서 유기 화합물을 환원시키는 연구는 하버 스스로도 흥미가 있었을 것이다. 그러면서 동시에 새로운 길에 대한 도전이라고 느꼈을 것으로 짐작된다.

1898년에 하버는 유기 화합물의 전기화학 연구 결과를 제5회 독일 전기화학회 학술발표장에서 발표하였다. 독일 전기화학회는 라이프치히(Leipzig)에서 개최되었는데, 흥미로운 사실은 하버가 그토록 스승으로 모시고 싶어 하였던 오스트발트가 당시에 라이프치히 대학교에 재직하고 있었다는 것이다. 더구나 오스트발트는 하버의 발표장에서 의장을 맡았다. 이곳에서의 하버의 발표는 많은 관심을 끌었으며, 매우 성공적이었다. 이로 인해서 하버는 거물급 과학자들은 물론 많은 동료 및 선후배들로부터 주목을 받고 점점 명성을 얻기 시작하였다. 그리고 하버의 연구 결과는 오스트발트, 네른스트, 아레니우스 연구실 문하생들로부터 큰 관심을 끌었다. 또한 카를스루에 공과대학교에서는 하버의 능력을 알아보고, 하버를 동료로 인정하기 시작하였다. 특히 분테 교수는 하버의 연구에 많은 지원을 아끼지 않았다. 대학에서도 많은 후

원과 지원이 뒤따랐으며, 1898년 12월에는 부교수로 승진을 하기에 이르렀다. 종신직으로 지위가 변경되는 것은 시간 문제였다. 하버는 카를스루에 공과대학교에서 일을 시작한지 4년 만에, 그것도 자신이 스스로 개척한 전기화학 분야에서 두각을 나타내면서 심리적으로도 안정을 찾은 것으로 보인다.

그러던 어느 날, 하버에게 위기가 찾아왔다. 카를스루에 공과대학교에서 1901년에 물리화학과 전기화학에 대한 강좌를 개설하려고 교수를 구하고 있었는데, 그 강좌의 대표 교수 및 물리화학 연구소 소장으로 하버 대신에 블랑(Max Julius Louis Le Blanc, 1865~1943) 교수가 임명된 것이었다. 블랑 교수는 유기화학으로 박사 학위를 받았지만 유기화학보다 전기화학에 더 관심이 있어서 오스트발트의 연구실에서 연구 경험을 쌓은 후 독일의 대규모 화학 제조회사인 훼히스트(Hoechst AG)에서 일한 경험이 있는 과학자였다. 비록 하버는 지도 교수인 분테 교수의 적극적인 도움과 후원으로 물리화학 연구소에서 자신의 자리를 지킬 수는 있었지만, 그 실망감은 굉장히 컸을 것이다. 그나마 다행스러운 것은 하버에게 산업에 필요한 기술과 연관이 된 전기화학과 가스화학에 한정해서 계속해서 가르치고 연구할 수 있는 기회가 주어졌다는 것이다.

이후 하버는 미국의 전기화학에 관한 진보된 기술을 경험할 기회를 얻었다. 하버는 나이아가라 폭포 지역에서 개최된 미국 전기화학회(미국 전기화학회는 1902년 4월 3일 필라델피아에서 처음 개최되었고, 9월 14~21일 나이아가라 폭포에서 제2회 학술대회가 개최되었다.)에도 참석하였다. 약 4개월간 미국으로 파견하는 과학자 선발에 하버가 최종 선정된 것이었다. 하버가 선발된 것은 그의 전기화학 실력이 독일 학계에서 인정받기 시작한 것이라고 판단된다. 카를스루에 공과대학교의 물리화학 강좌의 대표 교수직과 연구 소장직을 모두 블랑 교수에게 빼앗기고 우울한 나날을 보내고 있던 하버에게 미국 여행은 심기일전을 할 수 있는 좋은 기회가 되었다.

한편 19세기 말부터 미국과 독일은 전기화학 분야에서 활발한 교류를 하기 시작하였다. 전기화학을 산업에 적용할 수 있었던 것은 전력 생산이 대량으로 실현되기 시작하던 1880년대였다. 그 즈음에 전력 생산에서 독일보다 앞서 있었던 미국은 전기화학과 관련된 화학 산업 분야 및 대량의 전기를 이용할 수 있는 산업기술에서도 우위에 있었다. 그러나 다른 화학 분야에서는 여전히 독일이 우위를 유지하고 있었다.

독일 학자로서 미국 전기화학회에 참석한 하버는 산업계를 이끌고 있는 홀(Charles Martin Hall, 1863~1914)과 같은 선구자들을 만날 수 있었다. 홀은 알루미늄(Al)을 전기화학적 방법을 사용하여 처음으로 대량 생산할 수 있는 길을 개척한 미국의 발명가이자 화학자이다. 알루미늄은 대량 생산되기 전에는 귀금속 취급을 받아 은(Ag)과 거의 같은 가격으로 거래되었다.

하버는 귀국 후 독일과 미국 대학의 차이점, 산업화에 대한 전망 등을 독일 전기화학회지(Zeitschrift fur Elektrochemie)에 발표하였다. 그런데 당시 이 기록은 미국 측에서 하버를 산업 스파이라고 힐난할 정도로 자세하고 구체적이었다. 미국 과학자와 산업체 사장들이 개인적으로 알려준 내용까지 담고 있었던 것이다. 하버의 세심한 관찰력과 지적 호기심에 찬 도전 정신이라면 충분히 그런 비난을 들을 만한 중요한 기록도 빠트리지 않고 챙겼을 것으로 여겨진다.

이후에도 하버는 카를스루에 공과대학교에서 화학 기술(염료, 프린팅)에 관한 강의를 하면서 전기화학 연구를 계속해 나갔다. 전기화학적 비가역적 환원(나이트로벤젠의 전기화학적 환원)과 가역적 환원(퀴논, 하이드로퀴논의 산화 환원 반응)에 대한 연구 결과는 물론, 이에 대한 일반 이론과 개념도 하버가 처음으로 발표하였다. 또한 철의 부동화(passivity)에 대한 문제도 연구 대상이었다. 하버는 산업체에 적용할 수 있는 화학 기술에 대한 강의를 하면서 자연스럽게 산업체 자문을 맡게 되었고, 연구 분야도 실제 생활에 이용할 수 있는 분야로 점차 확대해 나갔다. 비록 전기화학 및 물리화학 강좌의 대표 교수는 되지 못하였지만 자신에게 주어진 위치에서 최선을 다한 결과, 대학의 연구 실험 결과를 화학 산업에 적용하는 노하우를 배우고 나중에 이를 크게 활용하게 된다. 특히 전기화학을 스스로 공부하여 지식을 쌓고 연구한 하버는 그것을 화학 공정에 어떻게 적용할지도 잘 파악하고 있었다. 또한 가스 반응, 열분해 반응 등을 물리화학적 관점에서 연구한 경험을 바탕으로 화학 열역학 분야에도 깊은 관심을 가지고 연구를 계속해 나갔다.

하버는 자신이 관심 있는 주제를 해결해야 한다고 마음만 먹으면, 그것을 해결할 때까지는 매일 새벽까지 책과 논문을 읽고 생각에 빠져 지냈다고 한다. 물론 하버는 머리도 뛰어났을 것이다. 그러나 무엇보다 일에 대한 노력과 정신력이 일반인들의 상상을 초월할 정도로 매우 뛰어났을 것으로 짐작된다. 훗날 암모니아 합성에 대한 연구도 화학 열역학을 바탕으로 하여 화학 반응을 생각하고 연구한 결과였다. 당시 많은 과학자들이 도전하여 실패를 거두었던 암모니아 합성을 성공적으로 이끈 것도 우연한 발견이라기보다는 하버가 과학자로서 뛰어난 역량을 미리 갖추고, 노력하고 준비한 결과물이라는 것을 알 수 있다.

19세기 말에 화학 산업이 발달하면서 화학 반응이 어떻게 진행될 것인지 예측하는 일이 중요해졌다. 왜냐하면 염료를 비롯한 많은 종류의 대량 제품들이 화학 반응을 거쳐서 생산되었기 때문이다. 이로 인하여 화학 반응에 수반되는 에너지의 방출과 흡수 문제를 다루는 데서 출발한 화학 열역학은 화학의 매우 중요한 분야로 등장하기 시작하였다. 대표적인 반응으로, 화학 반응이 진행되는 과정에서 화학 평형을 다룰 때 빠짐없이 등장하는 르샤틀리에 원리(Principle of Le Chatelier)가 있다. 르샤틀리에 원리는 평형 상태에 있는 화학 반응에 압력, 온도, 부피는 물론 반응물과 생성물의 양 등에 변화를 주면 평형은 변화를 완화할 수 있는 방향으로 진행되어 새로운 평형에 도달한다는 원리로, 르샤틀리에(Henry Louis Le Chatelier, 1850~1936)가 발견하였다. 다시 말해서 평형 상태의 화학 반응에 여러 종류의 자극, 즉 온도, 압력, 부피, 화학 물질의 양을 변화시키면 그 자극을 화학 반응계가 흡수하는 방향으로 반응이 진행된다는 것이다. 자극을 완화시키는 방향으로 화학 반응이 진행된다는 사실이 얼마나 중요한지를 알게 된 하버는 이 원리를 암모니아 합성 반응에 적용시켜 커다란 성공을 거두었다. 1901년에 르샤틀리에도 암모니아 합성에 도전하였지만 실험실에서 기구가 폭발하는 바람에 연구를 포기하였다.

한편 하버에게 고통을 안겨 주었던 블랑 교수는 라이프치히 대학교의 오스트발트 교수의 후계자로 선임이 되어 1906년 7월에 카를스루에 공과대학교를 떠났다. 이 때문에 블랑 교수 후임으로 누구를 선정할 것인가가 새로운 과제로 떠올랐다. 대상이 되는 여러 후보 중에 하버도 포함되었다. 결과적으로 하버가 최종 선택을 받았지만, 선임 과정은 진통을 겪었다. 하버의 연구 능력만 보면 최종 2인에 포함될 정도로 좋았으나 하버와 함께 최종 명단에 있던 후보자는 이미 다른 대학에서 정교수로 근무하고 있었다. 게다가 블랑 교수가 카를스루에 공과대학교에서 물리화학 및 전기화학 강좌를 맡고 있는 동안 하버는 블랑 교수의 연구에 대한 실수와 허점에 대해서 공격과 비난을 많이 하였는데 이를 많은 동료 교수들이 기억하고 있는 상황이었다. 그 결과 하버의 행동거지를 곱게 보지 않았던 동료 교수들은 하버가 아닌 다른 후보자의 손을 들어 주었다. 하버의 인성에 문제가 있었을 수도 있겠지만, 다른 후보자는 이미 정교수로서 학계의 인맥이 하버보다 훨씬 더 좋았을 것으로 짐작할 수 있다. 또한 당시에 유대인에 대한 반감 분위기도 적지 않은 영향을 주었을 것이다.

그렇지만 최종 결정 단계에서 대학 책임자들이 평소 하버의 연구 능력과 일에 대한 정열에 많은 점수를 부여하였고, 하버를 최종적으로 추천하여 정부의 승인을 받았다. 이때 엥글러(Carl Engler, 1842~1925) 교수가 결정적인 도움을 주었는데, 엥글러 교수는 1876년부터 카를스루에 공과대학교에서 화학 기술 강좌의 정교수로서 화학 기술 연구소의 소장직을 맡고 있던 분테 교수와 함께 영향력이 매우 컸다. 그는 독일의 다국적 화학기업인 바스프(BASF, Badishe Anilin & Soda Fabrik) 사의 이사로 활동하였으며, 후에 바스프가 하버의 암모니아 합성에 관한 기술 협약을 맺는 데 결정적인 도움을 주기도 하였다.

드디어 하버는 정교수로 승진하는 동시에 물리화학 및 전기화학 연구소의 책임자가 되었다. 이제 하버는 누구의 간섭도 없이 독자적으로 자기가 관심 있는 일을 할 수 있게 된 것이다. 예나 지금이나 정교수가 되었다는 것은 본인의 연구 주제를 평생 추구할 수 있다는 엄청난 특권이 주어진 것을 의미한다. 하버는 연구소의 책임을 맡으면서 다른 연구소의 과학자는 물론 같은 대학에 있는 여러 교수들과 연구에 관해서는 누구도 마다하지 않고 토론과 협력을 한 것으로 보인다. 그 결과 뛰어난 젊은 과학자는 물론 연구소 살림을 꾸리는 데 꼭 필요한 인물들이 하버의 연구진에 합류하였다. 그중에서도 암모니아 합성에 크게 기여한 두 사람이 있었다. 한 사람은 블랑 교수와 같이 라이프치히 대학교로 떠나지 않고 카를스루에 공과대학교에 남아서 하버의 연구에 많은 도움을 주었던 기술자인 커켄바우어(Friedrich Kirchenbauer)이다. 그는 후에 암모니아 합성에 필요한 고압 장비 제작에 크게 기여하였다. 또 다른 한 사람은 영국의 과학자 로시놀(Robert Le Rossignol, 1884~1976)이었다. 로시놀은 램지(William Ramsay, 1852~1916) 교수의 연구실에서 이미 암모니아에 대한 연구를 경험하였다. 참고로 램지 교수는 비활성 기체인 네온(Ne), 크립톤(Kr), 제논(Xe)을 발견한 과학자로, 1904년에 노벨 화학상을 수상하였다. 로시놀은 하버가 노벨상 수상 연설에서 암모니아 합성에 많은 공헌을 하였다고 언급한 인물로, 암모니아 합성에 관한 독일 특허에도 이름이 포함되어 있다. 로시놀은 제1차 세계 대전 중에는 독일에 있다가 억류되었으며, 전쟁 후에 자신의 조국인 영국으로 돌아가 산업계에서 일을 하였다.

하버는 그동안 연구와 관련된 명성을 쌓는 동시에 물리화학 및 전기화학 분야의 거장들과 실력을 겨룰 수 있는 위치에 오르게 되었다. 이후 하버는 학문 활동이 어느 대학보다 우수한 베를린 대학교로 자리를 옮겨 본격적인 연구 활동을 하면서 당대의 거장들과 어깨를 나란히 할 수 있게 되었다.

제1차 세계 대전과 독일에 대한 무한한 애국심

1911년에 하버는 베를린 대학교로 옮겼다. 당시 베를린 대학교의 화학 연구소 소장은 피셔 교수가 맡고 있었다. 피셔 교수는 뷔르츠부르크 대학교(Würzburg University)의 교수로 있다가 호프만 교수의 후임으로 선정되어 1892년부터 베를린 대학교에 재직하며 학과장도 맡고 있었다. 하버는 1920년에 피셔 교수의 뒤를 이어서 베를린 대학교의 화학과 학

과장이 되었다. 베를린 대학교의 화학과를 이끄는 학과장은 독일을 대표하는 화학자라는 상징적인 의미도 지니고 있었다. 한편 베를린 대학교 물리 연구소 소장직은 네른스트 교수가 맡고 있었는데, 네른스트 교수는 1887년에 뷔르츠부르크 대학교에서 물리학으로 박사 학위를 받았다. 그 후에 라이프치히 대학교에 있는 오스트발트 교수 연구실에서 물리화학 분야의 연구 경험을 쌓았고, 1894년부터 괴팅겐 대학교(University of Göttingen)의 교수 및 물리화학 연구소 소장을 역임하였다. 그러다가 1905년에 베를린 대학교의 화학과 교수로 임명되었고, 후에 물리학과 교수도 지냈다. 네른스트는 1924년부터 베를린 대학교에서 처음으로 설립된 물리화학 연구소의 초대 소장을 맡아 활발한 연구 활동을 하였다.

이와 같이 당대의 쟁쟁한 학자들이 베를린 대학교의 중요한 연구소 소장을 맡고 교수로 재직하고 있는 상황에서 베를린 대학교의 교수가 된 것은 하버에게 큰 행운이었다. 당시 이미 하버는 카를스루에 공과대학교에서 암모니아 합성으로 큰 업적을 이루어 명성을 날린 바 있었다. 이제 베를린 대학교에서 독일뿐만 아니라 전 세계에서 알아주는 물리화학 분야의 거장이 될 수 있는 기회를 얻은 것이다. 특히 베를린 대학교로 옮기면서 황제의 고문으로 위촉되었다. 하버는 그야말로 통일 독일에서 과학계의 선두 주자로 나설 확실한 기회를 잡게 된 것이다.

사실 하버를 베를린으로 모셔왔다는 표현이 더 적절하다. 당시 베를린 대학교는 설립 100주년을 기념하여 새로운 연구회를 조직하려는 움직임이 일고 있었다. 여기에 산업계와 정부가 공동으로 연구 기관을 설립하고, 기관장의 독립 운영을 보장하는 형식을 갖춘 기관의 형태가 적절하다는 인식이 서로 공유되고 있었다. 연구자의 자유 의지에 따라 어떤 주제에 대해서도 연구할 수 있고, 대신 그 결과물은 산업화 또는 지식 공유를 통해 사회에게 혜택을 주는 아주 이상적인 형태의 연구소 출발이 이미 100년 전에 독일에서 시작된 것이다.

한편 미국에서는 비영리 재단들이 과학 연구소를 지원하는 경우가 있었다. 독일에서는 베를린을 중심으로 정치가와 기업가의 이해득실이 제대로 맞은 개념이 구체화되기 시작하였다. 결국 황제 빌헬름 2세는 자신의 이름이 붙은 카이저 빌헬름 연구소(Kaiser Wilhelm Institute) 기공식에 참석하여 이러한 계획이 실행될 수 있도록 힘을 실어 주었다.

이러한 분위기에 맞추어 독일의 은행가 겸 기업가인 코펠(Leopold Koppel, 1843~1933)은 막대한 자금을 지원하기로 결단을 내렸다. 코펠은 코펠 재단을 만들어 사회에 많은 후원을 한 인물로, 독일 가스 전기 회사(German Gas Light Company)의 설립자이기도 하다. 지금도 사용되는 오스람(Osram) 램프는 그가 설립한 회사의 제품이다. 코펠은 하버가 그 연구회의 물리화학 및 전기화학 연구소의 소장을 맡는다는 것, 그리고 연구소가 특허를 내면 허가를 받은 사람은 누구나 그 특허를 사용할 수 있다는 조건을 내걸었다. 자금을 지원한 코펠 역시 명분도 서고, 실리도 챙길 수 있는 조건이었다.

당시 하버는 코펠이 운영하는 회사의 자문역으로 이미 좋은 결과를 내놓고 있었기 때문에 코펠은 누구보다도 하버의 능력을 잘 알고 있었다. 이 때문에 코펠은 처음에는 하버에게 자기 회사의 연구 소장직을 맡아 줄 것을 제안하였다. 그러나 하버가 이를 거절하자, 코펠은 자신의 자금과 지위를 이용해서 하버를 베를린으로 모셔오는 전략을 택하였다고 볼 수 있다. 연구소에 필요한 설비 및 건설 비용 등 초기에 필요한 자금은 코펠 재단에서 지원하였고, 연구소의 운영 자금은 정부에서 매년 지원해 주는 형태로 연구소를 설립한 것이다. 하버는 새로 설립되는 연구소에서 물리화학 및 전기화학 연구 부분의 책임을 맡는 것은 물론 베를린 대학교의 정년 교수직도 보장받았다. 더구나 카를스루에 공과대학교에서 같이 근무하였던 일부 동료들도 함께 올 수 있는 조건이었으니, 그야말로 하버를 극진히 대접하면서 모셔온 것이나 다름없었다.

하버가 책임을 맡은 물리화학 및 전기화학 연구소는 1911년 설립된 카이저 빌헬름 협회에 소속된 연구소였다. 설립 당시 황제의 이름을 붙인 협회로 시작되었지만 1948년에 막스 플랑크 협회로 명칭이 변경되어 현재에 이르고 있다. 막스 플랑크 협회에 소속된 대부분의 연구소는 독일 각 지역을 비롯하여 세계 곳곳에 약 80여 개가 있다. 특히 막스 플랑크 이름이 붙은 연구소들은 자연과학 분야에서 전 세계적으로 많은 우수 인력들이 모여 기초 연구에 몰두하고 있는 것으로 유명하다. 1911년에 설립된 물리화학 및 전기화학 연구소는 초대 소장을 역임한 하버의 이름을 따서 1953년에 프리츠 하버 연구소로 변경되었고, 그 소속도 막스 플랑크 협회로 변경되었다. 프리츠 하버 연구소는 제1차 세계대전, 제2차 세계 대전 기간 중에는 주로 군 무기와 관련된 연구가 중심이 되었으며, 이 연구소에서 모두 7명의 노벨상 수상자가 나왔다. 2007년에 노벨 화학상을 받은 에르틀(Gerhard Ertl, 1936~)도 하버 연구소의 소장을 역임한 바 있다.

1914년 7월 28일 제1차 세계 대전이 시작되자 애국심으로 똘똘 뭉친 하버는 하사관으로 지원하였다. 그러나 나이가 많다는 이유로 거절당하였다. 당시 하버는 이미 40대 중반이 넘은 나이였다. 그렇지만 훨씬 중요한 임무가 그를 기다리고 있었고, 실제로 전쟁에서 매우 중요한 역할을 하였다. 전쟁이 오래가지 않을 것이라던 예측과 달리 그 기간이 길어지자 수입에 의존하던 생활필수품과 군수물자 생산에 필요한 원자재가 부족해지기 시작하였다. 이에 따라 국내에서 원자재를 대체할 수 있는 새로운 합성 물질을 찾아내야만 하였다. 그것을 연구하고 개발하는 일이 하버를 비롯한 많은 독일 과학자들에게 주어졌다. 시대적 상황과 절실함이 새로운 발명을 이끌어 낸 것이다. 전쟁에 필수품인 폭약 제조를 위한 질산염(Nitrate)이 6개월분도 채 남지 않은 상황에서 질산염 수입이 차단당하였으니 탄약 없이 전쟁을 치를 수밖에 없는 절박한 상황이었다. 질산염을 비롯하여 전쟁 수행에 필요한 각종 군수품까지도 독일 내에서 생산하지 않으면 안 되었다. 이에 따라 하버를 비롯한 수많은 독일 과학자들은 자발적으로 또는 강제적으로 전쟁에 참여할 수밖에 없는 운명을 겪게 되었다.

우선적으로 폭약 제조 및 비료에 사용되는 질산나트륨($NaNO_3$) 이나 질산(HNO_3)을 독일 내에서 생산해야 하였다. 암모니아를 원료로 사용해서 질산을 생산하는 공정은 이미 오래전에 오스트발트 교수가 개발하고 특허까지 얻은 기술이었다. 그러나 오스트발트 공정에는 백금을 촉매로 사용하였는데, 전쟁 중이었기 때문에 적대국인 러시아에서 백금을 수입하는 것이 불가능하였다. 이때 바스프에 근무하고 있는 화학자 미타쉬(Alwin Mittasch, 1869~1953)는 암모니아 합성에 필요한 촉매를 개발한 경험을 바탕으로 암모니아를 질산나트륨으로 전환할 수 있는 실험과 연구를 완성하였다. 그것도 비싸고 구하기 힘든 백금 대신에 철 산화물을 촉매로 사용한 공법까지 개발하였다. 전쟁 수행에 필요한 질산나트륨의 양은 연간 2만 톤이었는데, 바스프에서 단독으로 생산할 수 있는 양이 5,000톤이나 되었다. 한편 미타쉬는 이미 바스프에서 보슈(Carl Bosch, 1874~1940)를 도와 함께 일을 하며, 암모니아 합성에 필요한 촉매를 개발하는 데 지대한 공헌을 한 인물이다. 독일은 그 후에 연합군의 포격을 피할 수 있는 지역에 하버-보슈(Haber-Bosch) 공정으로 암모니아 생산 공장을 더 확충하였고, 곧바로 더 많은 질산과 질산나트륨을 확보할 수 있게 되었다.

제1차 세계 대전이 끝난 후 독일에는 전쟁에서 사용하고 남은 독가스가 곳곳에 저장되어 있었는데, 연합군과의 협정에 따라서 그것들을 파괴해야만 하였다. 독가스인 화학 물질을 불태워 버리거나 다른 물질로 변환하는 일은 연합국의 감독 아래 독일 과학자들이 진행하였다. 하버는 스톨젠베르그(Hugo Stoltzenberg, 1883~1974)에게 이러한 일들을 직접 실행하는 일을 맡겼다. 아마도 연합군의 감시 때문에 하버가 전면에 직접 나서지 못한 것으로 보인다. 스톨젠베르그는 벨기에 이프르 지역에서 독가스를 살포할 때 하버와 같이 이를 진행한 경력이 있었다. 그는 제1차 세계 대전이 끝난 후에는 화학전에 필요한 화학 물질 생산에 관한 기술을 사업 목적으로 러시아 및 스페인으로 수출하였다. 이후 스페인 공장에서 주요 기술자로서 직접 일에 관여하였으며, 후에 스페인 시민권을 취득하였다. 그러나 제2차 세계 대전 중에는 나치 독일에 참여하여 계속해서 독가스 연구를 지휘하였다. 그의 아들인 스톨젠베르그(Dietrich Stoltzenberg)는 2004년에 하버의 전기를 책으로 발간하기도 하였다. 전쟁을 치르는 동안에는 독가스 생산에 관여하였던 사람들이 전쟁 후에는 그것을 처리하는 일을 하게 되었으니 한편으로는 이해가 되지 않는다. 더구나 얼마나 감시가 소홀하였으면 화학전의 주역이 활개를 치고, 그것도 돈벌이에 이용하는 사업으로 발전시킬 수 있었는지 불가사의하다.

전쟁이 남긴 상처와 하버의 죽음

:: 제1차 세계 대전으로 폐허가 된 모습

1923년 독일은 전쟁으로 인한 극심한 인플레이션으로 경제가 완전히 주저앉았다. 독일인임을 자랑스러워 한 하버는 이러한 상황을 안타까워하며 바다에서 금을 추출하여 독일 경제에 도움을 줄 계획을 세웠다. 이러한 엉뚱한 생각의 배경은 약 20년 전으로 거슬러 올라간다. 스웨덴의 화학자 아레니우스는 바닷물에 물 1톤당 약 6밀리그램의 금이 포함되어 있다고 주장하였다. 하버는 아레니우스의 주장을 듣고, 바다에 있는 많은 금을 효율적으로 추출하면 큰돈도 벌고 독일을 재건하는 데 지대한 공헌을 할 수 있다고 생각하였다. 하버는 실험실에서 금을 포함하는 인공 바닷물을 만들고, 그것을 추출하는 방법까지 연구하였다. 이어 실제로 이 계획을 실행에 옮겼다. 그는 연합군의 감시를 피하기 위해 배의 승무원으로 위장한 뒤 남극과 북극은 물론 세계 곳곳의 바다를 훑어서 몰래 실험을 지속하였다. 그러나 실제 금 농도는 아레니우스가 추측한 양의 천분의 일도 되지 않아 전혀 경제성이 없었다.

하버는 개인적으로도 경제적인 어려움을 겪게 되었다. 바스프에서 받는 암모니아 특허에 대한 로열티를 한꺼번에 모두 받은 터라 수입이 예전만 못하였다. 더구나 1927년에 두 번째 결혼마저 파경에 이르면서 많은 위자료를 지불하여 더욱 빈곤해졌다. 이 때문에 하버는 정신적으로, 경제적으로 공황 상태에 빠지게 되었다. 그 후 1929년부터 시작된 전 세계를 공포로 몰아넣은 대공황도 하버에게는 견디기 힘든 시련의 시간이 되었을 것이다. 설상가상으로 건강도 급속히 악화되기 시작하였다.

1920년대 중반 무렵부터는 국가사회당(National Socialist Party, 흔히 말하는 나치)의 활동이 활발해지면서 반유대주의가 본격적으로 고개를 들기 시작하였다. 대학에서는 이미 유대인을 드러내 놓고 차별하여 교수직마저 자의로 견디지 못하고 물러나거나 타의에 의해 쫓겨나는 일이 빈번하게 일어났다. 특히 나치의 활동이 본격화되면서 연구소나 대학에 재직하고 있는 유대인 과학자들을 몰아내기 시작하였다. 하버도 예외는 아니었다. 나치당의 당수였으며, 12년 동안 독일 수상으로 재직하면서 제2차 세계 대전을 일으킨 히틀러(Adolf Hitler, 1889~1945)가 1933년에 독일의 수상이 되면서 유대인이면서 자랑스러운 독일인으로서 평생을 자긍심으로 살았던 하버의 인생도 막을 내리기 시작하였다.

하버는 학교와 연구소에 공식적으로 사표를 냈는데, 이것은 강제적인 사회 분위기 속에서 어쩔 수 없는 선택이었던 것으로 짐작된다. 당시 카이저 빌헬름 협회의 회장이었던 막스 플랑크(Max Planck, 1858~1947)는 히틀러를 만나 하버의 사직을 막아 보려고 애썼지만 결과는 실패로 돌아갔다. 하버는 1933년 초 나치가 활발하게 활동할 당시에 친구에게 자신의 솔직한 심정을 담은 편지를 보냈는데, 여기에는 당시 하버의 심정이 잘 나타나 있다. 이혼한 부인이 지속적으로 요구하는 위자료에 대한 고민, 미래에 대한 걱정, 일생에서 자신이 저지른 실수에 대한 생각으로 불면증에 걸렸다고 적고 있다. 결국 1933년 여름, 하버는 베를린을 떠났다.

이후 하버는 파리와 런던을 방문하면서 바이츠만(Chaim Weizmann, 1874~1952)을 비롯한 예전에 알고 지내던 과학자들을 만나 자신의 미래에 대해 의논을 하였다. 바이츠만은 이스라엘 화학자로, 극렬한 시온주의자로 잘 알려져 있다. 또한 그는 이스라엘의 초대 대통령을 지냈으며, 세계적으로 유명한 연구소인 바이츠만 연구소를 설립한 과학자이기도 하다. 이때 하버는 이스라엘에 설립되는 다니엘 시프 연구소의 소장을 맡아 달라는 바이츠만의 제안도 거의 수락한 상태였다. 참고로 다니엘 시프 연구소는 현재의 바이츠만 연구소로 1934년 4월에 개원하였다. 현재에는 과학 분야에서 세계적인 업적을 내는 연구소로 유명하다. 2009년 노벨 화학상을 수상한 요나트(Ada Yonath, 1939~) 박사도 바이츠만 연구소의 연구원이었다.

그러나 안타깝게도 하버는 이스라엘로 이주하려고 잠시 머물렀던 스위스 바젤(Basel) 시의 한 호텔에서 심장마비로 사망하였다. 1934년, 그의 나이 65세였다. 인류의 굶주림을 해결한 위대한 과학자이자 격랑에 휘말렸던 독일을 진정한 조국이라고 착각하여 새로운 전쟁 무기까지 개발한 유대인 천재의 말로는 쓸쓸하기 그지없었다. 한편으로는 인류에게 커다란 기여를 하였으며, 다른 한편으로는 많은 폐해를 남긴 과학자 하버의 이중성은 그가 만든 암모니아가 비료의 원료로 사용되거나 또는 폭약의 원료로 사용되는 이중성을 지닌 것과 매우 닮아 있다.

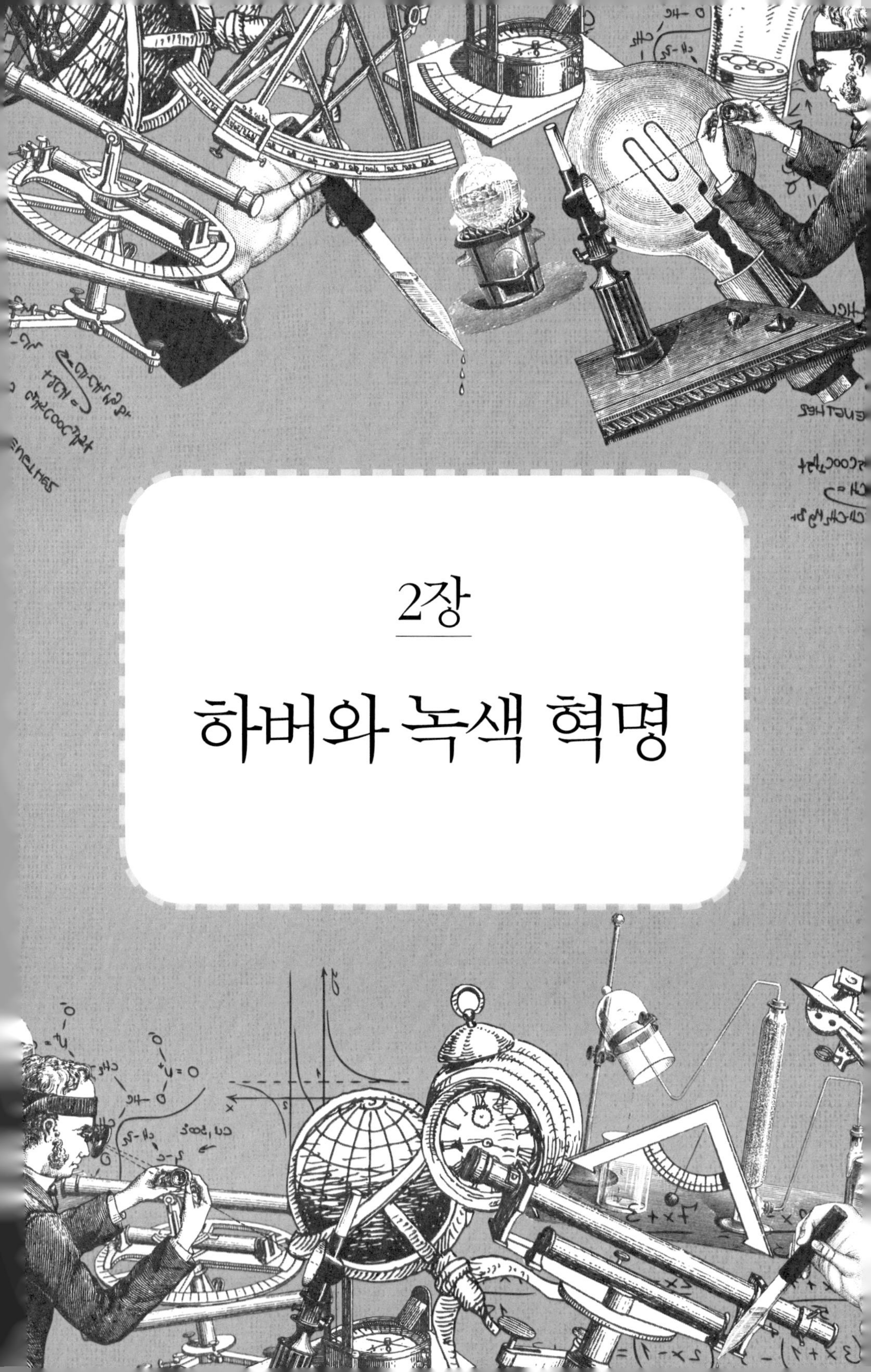

2장

하버와 녹색 혁명

하버와 녹색 혁명

식량 부족과 질소 화합물

19세기 말에 전 세계적으로 과학자들이 해결해야 할 우선 과제는 인구 증가에 걸맞은 식량 증산을 위해 대량으로 비료를 생산하는 것이었다. 인구는 기하급수적으로 늘어나며, 식량은 산술급수적으로 늘어난다는 맬서스(Tomas Malthus, 1766~1834)의 주장을 따르듯이 당시 독일 인구는 1800년부터 100년 동안 2,500만 명에서 약 5,500만 명으로 급속히

증가하였다. 따라서 식량 문제를 해결하지 않고는 많은 국민들을 먹여 살릴 방도가 없었다. 이것은 독일뿐만 아니라 유럽을 비롯한 인류 전체가 직면한 문제였다. 농경지의 생산성을 높이지 않고는 식량의 수요 공급을 맞출 수 없는 미래가 곧 들이닥칠 위기에 있었다. 즉 식량과 인구수의 균형을 맞출 수 없게 되면 많은 사람들이 굶주림으로 사망하거나 전쟁을 통해서 인구 감소를 유도할 수밖에 없는 상황이 전개될 시기가 임박한 것이다.

당시 영국의 과학자 크룩스 경(Sir William Crookes, 1832~1919)은 영국은 물론 유럽의 많은 사람들이 머지않은 미래에 식량 부족으로 기근에 빠질 것이라는 취지의 강연을 하였다. 그의 강연 요지는 인구는 기하급수적으로, 식량은 산술급수적으로 늘어난다는 맬서스의 예측에 기반을 두고 있었다. 실제로 19세기 동안 웨일스(Wales)를 포함한 영국의 인구는 거의 3배, 즉 1801년에 약 880만 명에서 1901년에 약 3,250만 명으로 급격히 늘어났다. 대지는 한정되어 있으므로, 식량 문제를 해결하려면 농경지 단위 면적당 생산량을 늘리는 방법밖에 없었는데, 그것도 쉬운 일은 아니었다. 그나마 경작지를 순환하면서 곡물을 심어 생산량을 조금이나마 늘리는 것이 거의 유일한 방법이었다. 즉 순환 경작지에 콩이나 콩과 식물을 재배하여 수확하고, 그 다음 해에 다른 곡물을 경작하면 수확량이 증가하는데, 그것은 콩과 식물이 공기 중의 질소를 고정해서 땅을 비옥하게 만들기 때문이다. 하지만 이 방법으로는 수확량을 증가시키는 데에 한계가 있었다. 또한 비료를 주어 수확량을 증가시키는 방법도 있는데, 현실적으로 인분이나 퇴비와 같은 자연산 비료를 무한정 공급하기도 어려웠다. 게다가 도시가 확장되면서 사람들에게서 얻을 수 있는 인분의 회수율도 떨어지기 시작하였다.

유일한 방법은 질소 화합물을 사용하여 비료를 대량으로 생산하는 것이었다. 이 때문에 공기 중에 풍부한 질소를 질소 화합물로 변형시켜 비료를 생산할 수 있는 방법을 개발하는 것이 19세기 말 과학계의 큰 화두였다. 그러므로 크룩스의 강연은 과학자 중에서도, 특히 화학자들에게 질소 고정에 대한 연구열에 불을 지피는 계기가 되었다. 수많은 저명한 화학자들 사이에 이 문제를 해결해 보려는 경쟁이 벌어졌다. 오스트발트, 네른스트, 르샤틀리에, 하버와 같은 저명한 과학자들이 암모니아 합성 연구에 도전하기 시작하였다. 공기 중의 질소를 사용하여 암모니아를 합성할 수 있는 과제를 해결할 수 있는 것은 온전히 화학자들의 몫이었다.

여기서 잠깐 오늘날의 문제로 눈을 돌려 보자. 하버 시대에 식량 문제가 화학자들의 최대 과제였던 것과 마찬가지로, 오늘날 우리는 지구 온난화라는 커다란 과제를 안고 있다. 따라서 이산화탄소의 적정 농도를 유지하여 지구 온난화 문제를 해결하려면 21세기의 화학자들이 사명 의식을 갖고 이산화탄소 감축 연구에 박차를 가해야 할 것이다. 많은 사람들이 알고 있는 식물의 광합성 반응은 이산화탄소와 물을 원료로 하여 탄수화물과 산소를 생성하는 반응이다. 만약 화학자들이 공기 중에 있는 이산화탄소를 탄수화물(연료 또는 식량)로 전환하는 연구에 성공을 거둔다면 정말 멋지고 대단한 일이 아닐 수 없을 것이다. 이 과제는 화학 반응에 관련된 문제이므로 화학자들에게 주어진 숙명적인 과제라고 할 수 있다. 만약 이산화탄소와 물을 원료로 하고, 비교적 적은 에너지를 사용해서 탄수화물로 전환할 수 있는 실험 조건 및 관련 반응에 대한 촉매를 개발한다면 두 마리 토끼를 모두 잡을 수 있을 것이다. 왜냐하면 이산화탄소의 감소로 지구 온난화를 방지할 수 있을 것이며, 반응 결과 생성되는 탄수화물을 연료로 사용하면 미래의 에너지 문제도 해결될 것이기 때문이다. 물이 자연계에서 순환되는 것처럼, 화석연료의 순환이 자연스럽게 이루어지는 결과로 나타나기 때문에 현재로서는 이보다 더 큰 인류에의 기여를 생각하기 어렵다.

다시 관심을 하버 시대의 인구 증가와 식량 부족 문제로 돌려 보자. 전쟁과 기근을 피하려면 식량을 인구 증가에 맞추어 증산하는 방법밖에 없었다. 그런데 자연산 비료만으로는 식량 생산에 필요한 수요를 해결할 수 없었으므로 인공 비료의 생산이 시급한 문제로 떠올랐다. 여기서 비료를 생산하는 데 문제가 되는 것은 질소를 포함하는 화합물이었다. 왜냐하면 남아메리카 칠레에 있는 질산나트륨 광산에서 얻을 수 있는 질소의 양도 수요를 맞추기에는 역부족이었으며 30년 정도가 지나면 완전히 고갈될 것이라는 예측이 나왔기 때문이다. 또한 남아메리카의 건조한 해안 지방에서 바다 새의 배설물이 응고되어 형성된 퇴적물인, 소위 구아노(Guano)마저 점점 줄어드는 상황이었다. 구아노는 인산과 질소의 함유량이 높아서 비료로써 효용 가치가 크며, 질산염의 성분 비율이 높아서 화약 원료로 사용되었다. 그런데 구아노를 많이 확보하고 있는 남아메리카 국가들도 자국민들의 식량 생산에 문제가 생기면 수출을 중단할 것이고, 그렇게 되면 독일을 비롯한 유럽 각국에서 이것을 수입하기가 더욱 어려워질 것이 분명하였다.

비료는 주로 질소, 칼륨, 인 화합물을 혼합한 것으로, 칼슘, 마그네슘, 황 등이 포함되어 있다. 당시에 비료를 생산하는 데 가장 큰 문제는 질소 화합물의 부족이었다. 질소는 대기의 약 80%를 차지하는 원소로, 공기 중에 가장 풍부하게 존재하고 있다. 또한 인체의 구성 원소에서 산소, 탄소, 수소에 이어 4번째로 많은 원소로, 인체 무게의 약 2.6%를 차지하고 있다. 우리 생존에 필요한 단백질과 아미노산을 비롯한 생리 활성 화학 물질에는 반드시 질소 원소가 결합되어 있다.

그렇다면 이렇게 자연 상태에 질소가 풍부함에도 왜 질소를 이용할 수 없는 것일까? 그것은 생물체가 기체 질소를 직접 이용할 수 없고, 질소 원소를 포함하는 화합물로 변환되어야만 이용할 수 있기 때문이다. 기체 질소를 질소 화합물로 변환시키면 되지만 질소는 매우 안정한 기체이기 때문에 격렬한 반응 조건이 아니면 변환되지 않아 어려움이 있었다.

당시에 질소 화합물을 만드는 방법으로 전기 아크(electric arc)를 사용해서 질소를 산화시키는 방법이 많이 이용되었는데, 이것은 자연 현상을 모방한 것이었다. 벼락이 칠 때 공기 중에 있는 질소가 전기 방전에 의해 질소 산화물이 생성된다는 것은 이미 오래전에 알려진 사실이다. 이 원리를 이용하여 실험실이나 공장에서 전기를 사용해서 아크를 생성하고, 공기를 불어넣어 주는 방법으로 질소 산화물을 생산하고 있었던 것이다. 당시에는 아크의 배열과 공기 흐름의 조절 등으로 효율을 높이는 특허가 등록되고, 그것을 개선하는 연구가 진행되고 있었다. 그런데 문제는 전기 아크를 이용해서 질소 산화물을 생산하려면 전기 에너지가 많이 필요하고, 더구나 수입산 질산나트륨과 가격 경쟁력을 가지려면 수력 발전이 활발한 나라와 지역을 중심으로 질소 산화물을 생산할 수밖에 없는 한계를 지니고 있었다.

앞에서도 이야기하였듯이 생물이 질소를 이용하려면 질소 분자가 아닌 다른 형태의 질소 화합물로 변환해야만 한다. 동물은 질소 화합물을 음식으로 섭취하며, 마찬가지로 식물도 땅속에 녹아 있는 질소 화합물을 흡수하여 필요에 따라 사용하는 것이다. 동물이나 식물이 죽고 나면 그 안에 포함된 질소 화합물은 땅속이나 공기 중으로 퍼져나가 다른 동식물이 이용하게 된다. 이와 같이 질소는 자연계에서 없어지지 않고 순환되어 계속 이용된다.

따라서 생물이 질소를 이용하려면 먼저 공기 중에 풍부하게 존재하는 질소를 수소, 산소, 탄소와 같은 원소들과 반응시켜서 질소 화합물을 만들고, 그것을 다시 비료 또는 질소를 포함하는 다른 종류의 화합물로 전환하면 된다. 질소 원자를 포함하고 있으며, 비료로 전환이 가능한 화합물로는 암모니아를 비롯하여 요소, 질산, 산화질소 등이 있다. 그런데 문제는 어떤 수단을 동원해서라도 질소 화합물은 생산해 낼 수 있지만, 이때 대량 생산에 따른 생산성과 경제성이 확보되어야 한다는 것이었다.

비료 원료인 암모니아 생산 방법들

:: 대량 식량 생산을 가능하게 한 비료

인류는 19세기 말부터 식량 부족을 해결하기 위해서 많은 비료를 사용해 오고 있다. 비료는 식물의 생장과 발육은 물론 농산물의 증산을 위해서 반드시 필요하다. 현재 자연산 비료의 비중은 매우 미미하며, 대부분은 화학공장에서 만든 비료를 사용하고 있다. 20세기 초 하버가 발명한 암모니아의 대량 합성법이 성공을 거두기 전에도 질소 화합물이나 암모니아를 대량으로 얻을 수 있는 방법이 몇 가지 있었다.

먼저 암모니아는 제철소에서 철을 만드는 공정에서 부산물로 생성되는 질소 화합물을 이용하여 만들 수 있다. 용광로에서 철을 생산하려면 철광석과 코크스가 필요한데, 연료로 사용되는 코크스는 공기가 없는 용광로에서 석탄을 높은 온도로 가열 증류하여 제조한다. 증류 과정에서 생성되는 가스에는 휘발성 성분이 포함되어 있고, 그중에는 석탄에 포함되어 있던 질소 성분도 있다. 즉 석탄을 태우고 열처리하여 코크스를 만드는 공정에서 부산물로 염화암모늄(NH_4Cl)을 얻을 수 있었다. 그리고 염화암모늄을 적절하게 반응시키거나 분해시키면 암모니아(NH_3)가 얻어진다. 부산물인 염화암모늄을 암모니아로 전환하는 화학 반응식을 간략히 나타내면 다음과 같다.

$$NH_4Cl \rightarrow NH_3 + HCl$$

$$NH_4Cl + NaOH \rightarrow NH_3 + NaCl + H_2O$$

$$2NH_4Cl + Na_2CO_3 \rightarrow 2NaCl + CO_2 + H_2O + 2NH_3$$

이 방법은 질소 화합물을 얻는 중요한 방법 중 하나였다. 그러나 철광석으로부터 철을 생산하는 제철소에서 뽑아낼 수 있는 암모니아의 생산량은 그렇게 많지 않았고, 그것마저도 철의 생산량에 따라 좌우되는 형편이었다. 필요한 암모니아의 수요를 채우기에는 터무니없이 부족한 데다가 안정적으로 공급할 수도 없는 생산 구조였다.

암모니아를 직접적으로 얻는 방법은 소위 사이안아마이드(cyanamide)

공정을 이용하는 것이다. 우선 약 2,000℃의 온도에서 산화칼슘(CaO)을 코크스와 반응시켜 칼슘카바이드(CaC_2)를 제조한다. 그리고 약 1,000℃ 이상이 되는 높은 온도에서 칼슘카바이드를 질소와 반응시켜 사이안아마이드칼슘($CaCN_2$)으로 변환시킨다. 마지막으로 사이안아마이드칼슘을 물과 반응시키면 암모니아와 탄산칼슘을 얻을 수 있다. 사이안아마이드 공정에서 암모니아를 생산하는 방법과 관련된 화학 반응식은 다음과 같이 나타낼 수 있다.

$$CaO + 3C \rightarrow CaC_2 + CO$$

$$CaC_2 + N_2 \rightarrow CaCN_2 + C$$

$$CaCN_2 + 3H_2O \rightarrow 2NH_3 + CaCO_3$$

그런데 칼슘카바이드를 생산하는 데는 물론 코크스를 생산할 때도 매우 높은 온도가 필요하므로 당연히 에너지가 많이 소비된다. 따라서 이것은 암모니아를 직접 생산할 수 있는 방법이기는 하지만 에너지가 너무 많이 소모되어 경제성이 없다. 칼슘카바이드는 물과 반응하면 아세틸렌(C_2H_2)을 생성하는 물질($CaC_2 + 2H_2O \rightarrow C_2H_2 + Ca(OH)_2$)이다. 1970년대 중반까지도 우리나라 길거리 포장마차 안을 밝히는 데 이 반응이 이용되었다. 즉 칼슘카바이드 조각을 깡통에 넣고 물을 붓기만 하면 아세틸렌(C_2H_2) 기체가 즉석에서 만들어지는데 깡통 용기에 구멍을 조금 뚫어 아세틸렌 기체를 한 구멍으로만 빠져 나오게 하고, 그 끝에 불을 붙이면 아세틸렌 기체가 산소와 반응하여 밝은 불꽃을 만들어 낸다. 반응할 때 특유의 냄새가 나기는 하지만 아세틸렌 기체가 발생되는 동안은 계속해서 불을 밝힐 수 있다. 또한 사이안아마이드는 그 자체로 비료가 될 수도 있다. 왜냐하면 사이안아마이드가 물과 반응하여 분해되면 암모니아와 탄산칼슘이 얻어지기 때문이다. 한편 전기 아크 용광로를 사용하여 암모니아 생산에 필요한 반응을 진행시키려면 매우 많은 전기 에너지가 필요하기 때문에 사이안아마이드 공정을 이용하여 경제성 있는 암모니아를 생산하려면 남아도는 전기를 이용해야 하였다. 이 때문에 수력 발전이 풍부한 지역에서 남아도는 전기를 에너지로 사용하지 않으면 이 방법으로는 경제성 있는 암모니아를 생산할 수 없었다.

질소 화합물을 얻는 또 다른 방법은 산화질소(NO)를 대량으로 생산하는 것이다. 이 방법도 전기 아크를 이용하여 반응을 진행시킨다.

$$N_2 + O_2 \rightarrow 2NO$$

산화질소가 생성되는 방향으로 화학 반응이 진행되려면 약 3,000℃의 온도가 필요하다. 그런데 일단 산화질소가 형성되어 반응이 평형에 도달하면 역반응도 잘 진행된다. 다시 말해 일단 산화질소가 형성되면 산화질소가 생성되는 반응 속도와 산화질소가 소멸되는 반응 속도가 같아져서 다른 조치를 취하지 않으면 산화질소를 얻으려는 목적을 달성할 수 없다. 하버는 미국 전기화학회에 참석하였을 때 나이아가라 폭포 근처에 있는 산화질소 생산 공장을 방문하였는데, 귀국해서도 여전히 이 반응에 많은 관심을 가지고 연구를 진행하였다. 그런데 비교적 전기 사정이 좋았던 나이아가라 근처 공장도 경제성을 이유로 몇 년 지나지 않아 문을 닫았다. 따라서 이 방법으로 질소 화합물을 만드는 것은 거의 불가능한 것이나 다름없었다. 흥미로운 사실은 네른스트 교수가 랭뮤어(Irving Langmuir, 1881~1957)의 박사 학위 논문 주제로 산화질소 반응에 대한 연구를 주었는데 결과가 신통치 않아서 연구를 접었다는 것이다. 랭뮤어는 미국의 화학자로, 네른스트 교수의 지도로 독일 괴팅겐 대학교에서 박사 학위를 받았으며, 미국의 다국적 기업인 제너럴 일렉트릭(GE, General Electric) 사에서 약 40여 년간 근무하면서, 나중에는 회사의 사업과 무관한 연구를 자유롭게 하였다. 또 랭뮤어는 산업체에서 근무하는 화학자로서는 처음으로 노벨상을 수상하였다.

질소 화합물을 얻는 또 다른 방법은 질소와 수소를 반응시켜 암모니아를 생산하는 것이다. 공기 중에 풍부한 질소와 공업적으로 생산되는 수소를 반응시켜서 경제적으로 암모니아를 합성하는 방법을 찾는 일은 과학자에게 매우 매력적인 연구 주제였다. 문제는 이 반응의 수율(yield)이 매우 낮다는 것이었다. 일단 암모니아를 제조하고, 그것을 산화시키면 비료 생산에 필요한 질산을 비롯한 많은 질소 화합물로 변환시킬 수 있다. 따라서 각종 질소 화합물의 원료가 되는 암모니아 합성법을 발견하는 일이 지상 최대의 과제로 떠오르게 되었다.

공기 중에서 암모니아를 생산하는 일을 시도한 과학자 중에는 오스트발트도 있었다. 앞에서 설명한 것처럼 하버는 여러 차례에 걸쳐서 오스트발트 밑에서 연구 수업을 쌓기를 원하여 지원하였지만 뚜렷한 이유 없이 거절당하였다. 1900년 초에 오스트발트는 암모니아 생산에 관한 연구를 하여 이에 대한 특허를 등록하고, 이를 바탕으로 하여 그 당시 쟁쟁한 화학회사였던 바스프, 베이어, 훼히스트 등과 협상을 벌였다.

이들 회사 중에 바스프에 근무하는 과학자들은 오스트발트의 암모니아 합성 공정 재현 실험을 실시하였는데, 그 결과 오스트발트가 성공한 암모니아 합성에 문제가 있다는 것을 발견하였다. 그것은 사용된 질소가 공기 중의 질소가 아니라 반응 용기 제작에 사용하였던 철에 불순물로 남아 있던 질소 성분이 반응하여 암모니아가 형성되었다는 것이었다. 오스트발트 교수 연구실에서도 반복 실험을 한 결과 바스프의 연구 결과가 옳다는 것을 인정하기에 이르렀다. 이에 오스트발트는 회사와 계약을 취소하는 것은 물론 신청하였던 특허도 스스로 철회하였다.

오스트발트의 연구 결과의 문제점을 확실하게 지적한 과학자는 바스프의 신참 과학자인 보슈였다. 보슈는 독일의 화학자 겸 엔지니어로서 1931년 노벨 화학상을 수상하였으며, 하버-보슈 공정으로 불리는 암모니아 합성의 산업 공정을 완성시켰다. 특히 하버의 실험실 규모의 암모니아 합성을 공장에서 대량으로 생산할 수 있는 규모로 확대하는 데 결정적인 역할을 하였다. 그 당시 보슈는 1898년도에 라이프치히 대학교에서 박사 학위를 받고 바스프에 입사한 지 1년밖에 안 된 신입사원이었다. 더구나 학위 전공도 유기화학이었다. 그렇지만 보슈는 결정적인 실험을 통해 자신의 존재를 드러냈다. 당시 독일 화학계에서 거물인 오스트발트의 연구 결과에 대해서 오스트발트가 스스로 연구 결과를 철회할 정도로 치밀한 연구를 해 냈고, 그 자료를 바탕으로 논란을 잠

재운 것이다.

그러나 오스트발트가 철회한 특허에는 이미 암모니아를 합성하는 데 필요한 높은 온도, 높은 압력은 물론 촉매와 기체 순환에 대한 내용이 포함되어 있었다. 더구나 철을 촉매로 사용한다는 내용까지 있었다. 아마 조금만 더 주의를 기울여 자료를 분석하고 연구를 심화시켰다면 암모니아 합성에 관한 위대한 업적이 오스트발트의 몫으로 돌아가지 않았을까 하는 생각이 든다. 오스트발트는 질산 제조 공정을 개발하여 1902년에 이미 특허를 받았다. 오스트발트 공정에서는 출발 물질로 암모니아가 반드시 필요하므로 오스트발트가 암모니아 합성에 많은 관심을 가졌던 것은 너무나 당연한 것이었다. 따라서 오스트발트 연구실에서는 암모니아 합성에 관한 연구에 자연스럽게 접근할 수 있었던 것으로 추정할 수 있다.

암모니아를 이용하여 질산을 만드는 오스트발트 공정에 관련된 화학 반응식은 다음과 같이 나타낼 수 있다.

$$4NH_3(g) + 5O_2(g) \rightarrow 4NO(g) + 6H_2O(g)$$

$$2NO(g) + O_2(g) \rightarrow 2NO_2(g)$$

$$3NO_2(g) + H_2O(l) \rightarrow 2HNO_3(aq) + NO(g)$$

이 반응은 백금을 촉매로 하여 높은 온도에서 암모니아를 산화시키는 것으로, 900℃ 이상의 온도, 4기압 이상의 압력 조건에서 진행된다. 또한 이 세 가지 반응은 모두 발열 반응이므로 일단 반응이 시작되면 상당한 열을 자체 공급할 수 있는 장점도 있다.

한편 하버는 높은 전압을 걸어주는 전기 아크 방법으로 질소를 산화시켜 질소 산화물을 생산하는 방법을 계속 연구하고 이에 대한 논문을 발표하였다. 이 때문에 하버의 연구 업적에 눈독을 들이는 화학회사가 많았는데, 그중 바스프가 가장 큰 관심을 보였다. 바스프는 이미 카를스루에 공과대학교와 긴밀한 협조를 하고 있었다. 그리고 마침 화학과 선배인 엥글러 교수가 바스프 고위층에게 하버를 소개하여 다리를 놓아 주었다. 1901년 당시 바스프의 생산품 가운데 약 80%가 염료 계통이었으며 획기적인 새로운 화학 상품을 계속 찾고 있었던 터라, 바스프 고위층에게 하버의 연구 주제와 열정은 단연 눈에 띄지 않을 수 없었을 것이다. 1908년에 하버는 바스프와 연구 계약을 맺고 자신의 모든 연구 결과를 바스프에 제공하였다. 처음 바스프에 양도한 특허도 전기 아크를 통한 질소 산화물의 생산 공정과 관련된 것이었다. 하버는 그때까지도 계속해서 전기 아크 방식에 의한 질소 고정 연구와 그 공정 개발에 몰두하고 있었다.

암모니아 대량 합성에 성공

:: 암모니아 합성 공장

하버가 암모니아 합성 연구에 눈을 돌리는 계기는 우연히 찾아왔다. 1903년 무렵에 오스트리아 빈(Vienna)에 위치한 마굴리스(Margulies) 형제가 운영하는 회사에서 하버에게 암모니아 합성에 대한 자문을 구해 왔다. 그것은 암모니아를 질소와 수소를 사용하여 합성하는 데 촉매를 사용하는 것이 적절한지 여부에 대한 내용이었다. 하버는 암모니아 합성에 관한 오스트발트의 논문을 읽었고, 그가 적임자라는 사실을 알고 오스트발트에게 회사 관계자들을 소개하는 편지를 써 주었다. 이러한 사실로 볼 때 오스트발트가 암모니아 합성에 관해 쓰라린 경험을 한 일련의 사건들을 하버는 모르고 있었던 것처럼 보인다.

어쨌든 하버는 화학회사로부터 자금을 지원받아 암모니아 합성에 관한 연구를 시작하였다. 이를 계기로 하버는 암모니아 평형에 관심을 갖게 되었으며, 1905년에 독일 무기화학 잡지에 논문을 발표하기에 이르렀다. 그러나 첫 실험에서 얻은 결과는 신통치 않았다. 높은 온도(약 1,000℃ 이상)로 달구어진 철 위로 가스 혼합물을 통과시키는 1차 실험에서 얻어진 부정적인 결과 때문에 산업화 과정에 이르기까지는 아직 멀었다고 판단하였던 것 같다. 그때의 수율은 겨우 0.01% 정도였다. 하버는 나중에 노벨상 수상 강연에서 온도와 압력에 따라서 합성되는 암모니아의 양을 예측할 수 있는 계산 결과를 보여 주면서 이에 대해 설명하였다. 예측 결과는 대기 압력에서 온도를 1,000℃까지 올려도 평형에서 형성되는 암모니아는 거의 0% 수준이라는 것을 보여 준다. 따라서 하버가 암모니아 합성을 처음 시도하였을 당시에는 그러한 예측 계산을 미리 하지 않았던 것으로 생각된다. 실망스런 결과를 얻은 하버는 오스트리아 회사 관계자에게 실험 결과를 알려주고 암모니아 합성에 관한 연구를 중단해 버렸다.

그러던 어느 날 하버는 네른스트로부터 한 통의 편지를 받았다. 자신이 주장한 열 이론(heat theorem)의 예측으로는 1905년에 하버가 발표한 암모니아 평형에 관한 논문에 문제가 있다는 내용이었다. 화학 물질의 열용량과 화학 반응열을 연구한 네른스트는 화학 반응에서 반응 온도가 0K에 접근할 경우에는 반응 엔탈피와 자유 에너지가 같아진다는 사실을 발견하였는데, 그것은 절대 온도 0K에서 화학 반응의 엔트로피 변화가 0이라는 열역학 제3법칙의 또 다른 표현이었다. 네른스트의 실험실에서는 암모니아 합성 실험을 50기압에서 진행하였고, 그 결과는 자신의 이론에 잘 들어맞는다는 것이었다. 그런데 자신의 연구실에서 하버의 실험 조건으로 실험을 해 보니 하버의 결과보다 더 많은 양의 암모니아를 얻었고, 심지어 자신의 이론으로 예측한 것보다 더 많은 양의 암모니아를 합성하는 결과를 얻은 것이다. 1907년에 네른스트는 암모니아 평형에 관한 논문을 독일 전기화학회지에 발표하였다.

하버는 영국에서 온 자신의 새로운 연구 조수인 로시뇰과 연구 결과를 다시 검토하고 재실험을 진행하였다. 로시뇰은 이미 20여 년 전에 암모니아 합성에 관해 연구해 온 램지 교수의 연구 조수로 있으면서 많은 연구 경험을 쌓은 영국의 과학자였다. 또한 하버의 암모니아 특허에 공동으로 이름을 올릴 정도로 암모니아 합성에 크게 기여한 인물이다. 특히 산업화 과정까지 성공한 암모니아 합성에는 그의 기여도가 큰 것으로 평가되고 있다. 하버와 로시뇰은 반복해서 실험을 한 결과 처음 실험에서 얻은 암모니아의 양보다 더 많은 양의 암모니아가 합성된다는 결과를 얻었다. 그리고 그것은 네른스트의 이론에 거의 들어맞았다.

그럼에도 불구하고 1907년 봄에 독일의 물리화학 분야의 한 학술 모임인 독일 분젠학회에서 두 그룹 간에 격렬한 논쟁이 벌어졌다. 네른스트는 계속해서 하버의 자료에 문제가 있다고 지적하였고, 하버는 그 일로 명예가 실추되고 건강도 해칠 정도로 엄청난 스트레스를 받았다. 네른스트는 이미 확고한 기반을 잡은 정교수의 신분으로 독일학계에서 소위 비중 있는 과학자였고, 하버는 카를스루에 공과대학교에서 이제 막 정교수로 승진하여 첫걸음을 내딛는 단계의 중견 학자였으니, 하버에게 네른스트의 비난은 참기 어려웠을 것이다. 네른스트는 높은 온도와 압력에서 질소와 수소를 반응시켜 산업체가 요구하는 정도의 암모니아를 생산하는 것은 거의 불가능하다고 판단하여, 결국 암모니아 합성에 관한 연구를 접어 버렸다.

그러나 하버는 포기하지 않고 암모니아 합성에 다시 도전하였다. 하버는 30기압 정도로 높여서 실험을 한 결과 처음보다 약 28배 이상의 암모니아를 얻을 수 있었다. 오스트발트와 마찬가지로 철을 촉매로 사용하였고, 자신의 생각대로 기압을 높여서 실험을 한 결과 상당한 성공을 거두게 된 것이다. 암모니아 합성에서 낮은 기압이 문제임을 정확히 짚어낸 하버는 상업적 생산을 위해서는 적어도 100기압 정도를 견딜 수 있는 고압 용기가 필요할 것이고, 온도를 낮추기 위해서는 적절한 촉매를 찾는 것이 좋은 방안이라고 생각하였다. 마침 200기압에서 공기를 액화시킬 수 있는 기술이 개발되었다는 것을 전해들은 하버는 즉시 높은 기압에서 암모니아 합성 실험에 재도전하였다. 물론 이 실험은 로시놀과 당시 기술 담당자였던 커켄바우어의 도움없이는 불가능한 것이었다. 이들은 반응에 필요한 고압은 그대로 유지하면서 형성되는 암모니아는 별도로 분리해 내는 장치를 고안하였다. 이로써 암모니아를 연속해서 생산해 낼 수 있는 기반이 마련되었으며, 이를 바탕으로 드디어 특허(독일 특허, DRP 235421, 1908년 10월 13일)를 신청하게 되었다.

그 후에도 하버는 로시뇰과 함께 1909년 7월까지 두 건의 암모니아 합성에 관한 특허를 신청하였다. 처음 신청한 특허에는 가열된 촉매, 생성된 암모니아의 제거, 질소와 수소가 연속적으로 반응하는 장치 등의 내용이 포함되어 있다. 그 후 연구를 계속해서 1909년 3월에는 촉매로 오스뮴(Osmium, 원소 기호 Os)을 찾아냈고, 550℃ 정도, 175기압에서 약 8%의 수율로 암모니아를 합성하는 데 성공하였다. 하버가 노벨상 강연에서 발표한 예측 자료에 따르면 600℃, 200기압에서 약 8.25%의 수율로 암모니아 합성이 가능하다.

하버는 주기율표의 그 많은 금속 원소 중에서 어떻게 오스뮴을 찾아냈을까? 그것도 매우 희귀한 원소인 오스뮴을 말이다. 당시 하버는 독일의 전구회사(Auergesellschaft)에 자문을 해 주고 있었기 때문에 남들보다 더 쉽게 오스뮴 금속을 손에 넣을 수 있었다. 오스뮴은 당시 전구의 필라멘트를 구성하는 하나의 성분이었다. 필사적으로 암모니아 합성 촉매를 찾고 있었던 하버 연구실에서는 시험할 만한 금속, 금속 산화물, 심지어는 그 무엇으로도 촉매 성능을 시험하였을 것으로 짐작할 수 있다. 현재 우리나라에서도 판매되는 오스람(Osram) 전구에서 오스람이라는 어원은 금속 오스뮴(Osmium)의 앞부분 'Os'와 텅스텐을 뜻하는 독일어인 'Wolfram'의 끝부분 'ram'을 결합한 단어로 코펠 사의 등록상표이다. 앞에서 이야기한 것처럼 코펠 사의 사장인 코펠은 하버의 적극적인 후원자로서, 물리화학 및 전기화학 빌헬름 연구소 설립에 지대한 공헌을 한 인물이다.

보통 많은 연구실에서는 실험이 계획대로 진척이 안될 때 물에 빠진 사람이 지푸라기라도 잡는 심정으로 실험을 진행시킨다. 하버도 여러 가지 시도를 해 보았을 것으로 생각된다. 필자도 학위 과정에서 전극 촉매에 필요한 금속 또는 금속 산화물을 찾아내는 연구를 할 때 주변 사람들의 도움을 받아서 다양한 시도를 해 본 경험이 있다. 기록에 의하면 바스프에 있는 보슈 박사의 연구 동료들도 암모니아 합성에 필요한 값싸고 효율이 높은 촉매를 찾기 위해서 1만 번 이상의 실험을 하였다고 한다. 과학계에서는 연구 과정에서 무수히 많은 반복 실험에도 불구하고 결국에는 연구가 실패로 끝나는 경우가 다반사로 일어난다. 성공하는 사람들은 이러한 반복되는 실험에서 얻어지는 결과의 조그마한 변화를 놓치지 않고 날카로운 분석을 해 낸 사람들이라고 할 수 있다. 바로 하버처럼 말이다.

하버의 엄청난 성공에도 불구하고 바스프 관계자들은 온도도 높고, 더구나 압력이 200기압까지 가는 것은 실제 생산에서 거의 불가능하다고 판단하였다. 왜냐하면 당시에는 철로 만든 용기로 그 정도의 기압을 견딜 수 없을 것이라고 생각하였기 때문이다. 이 때문에 바스프 회사 중역들 사이에서도 높은 기압으로 실험하는 것에 대해서 많은 논란이 있었다. 왜냐하면 바스프 연구 실험실에서는 10기압 미만의 실험에서도 폭발 사고를 경험한 적이 있었기 때문이다.

그렇지만 반응에 대한 위험을 감수하더라도 하버의 실험을 더 지원해야 한다는 보슈 박사의 주장이 받아들여졌다. 이와 더불어 오스뮴은 공급이 쉽지 않고 가격이 비싸서 산업화의 효율을 따라가기에는 촉매의 효율이 떨어진다는 것을 간파하고, 목표에 맞는 촉매를 찾는 연구도 병행하였다. 그리고 드디어 우라늄(Uranium, 원소 기호 U)이라는 촉매를 찾아냈다. 우라늄도 값이 비쌌지만 오스뮴보다는 더 쉽게 구할 수 있는 장점이 있었다. 드디어 암모니아 합성을 실험실에서 공장 규모로 전환할 수 있는 계기가 마련된 것이다.

최종적으로 우라늄을 어떻게 실험에 사용하였고, 촉매로 발견하게 되었는지 자세한 과정을 알 수 있는 문헌이나 기록은 찾을 수 없지만, 과학에서 우연에 의한 발견은 너무도 흔한 일이다. 열심히 노력하는 사람에게 영감이 떠오르고, 우연히 시도한 결과에서 엄청난 발견을 한다는 것은 이미 과학자들 세계에서는 낯선 일이 아니다. 최종적으로 얻어진 결과를 두고, 여러 가지 이론으로 타당성 있는 해석과 설명을 하지만 우연한 발견이 세상을 바꾸는 것이다. 화학에서 잘못된 계산으로 시약의 양을 잘못 측정한다든지, 우연히 시도한 첨가물이 전혀 새로운 반응을 유도하여 예기치 않은 좋은 결과로 이어지는 사례도 많다. 특히 촉매의 경우에는 반응 조건과 환경이 달라지면서 전혀 다른 양상을 보여 주는 경우가 많다. 과학에서 흔히 이야기하는 '우연한 발견' 도 결국에는 많은 노력과 실험 조건의 변화에 맞추어 달라지는 결과의 미세한 차이를 분석해 내는 과학자의 혜안이 결합하여 이루어진 것이다.

바스프 연구진은 카를스루에 공과대학교에서 하버의 암모니아 합성 실험이 성공적으로 끝나면 같은 장비를 사용해서 바스프 공장(카를스루에 공과대학교에서 약 80킬로미터 떨어진 루트비히스하펜에 위치한 공장)에서 실험을 더 진행하기로 하였다. 드디어 1909년 7월, 카를스루에 공과대학교에서 바스프 관계자들이 모인 가운데 오스뮴을 촉매로 사용한 암모니아 합성 실험이 시연되었다. 처음 실험은 고압 장비에 문제가 발생해서 성공하지 못하였고 몇 시간 후 드디어 많은 과학자가 참관한 가운데 암모니아 합성 실험에 성공하였다. 암모니아가 흘러나오는 광경을 목격한 과학자들 및 회사 관계자들의 경이로운 눈빛과 감탄의 소리를 충분히 상상할 수 있을 것이다. 이로써 1903년 오스트리아의 한 화학회사의 제안으로 시작된 하버의 암모니아 합성 연구는 7년 만에 대성공을 거두었다. 정말로 대단하고 놀라운 연구 성과가 아닐 수 없다. 그러나 안타깝게도 암모니아 합성에 지대한 공헌을 한 보슈는 시범 실험을 보러 왔다가 급한 볼일 때문에 그 광경을 목격하지 못하고 그만 회사로 돌아가고 말았다. 당시 보슈 박사는 약 35세로 바스프에서의 근무 기간이 10년도 채 안 되었지만 중추적인 역할을 하는 화학자 겸 공학자로서 하버의 시연에 초청된 중요한 인물이었다.

보슈는 하버 실험을 바탕으로 하여 1909년부터 1913년까지 약 5년 동안 연구하고 노력한 끝에 암모니아 대량 생산을 위한 촉매 및 공정 개발에 성공하였다. 오늘날 암모니아 합성 공정을 하버-보슈 공정이라고 부르는 것도 암모니아 대량 생산에 기여한 보슈의 공헌을 빼놓을 수 없기 때문이다. 보슈는 그 후에 높은 압력에서 진행되는 화학 반응 연구의 결과로 1931년에 베르기우스(Friedrich Bergius, 1884~1949)와 공동으로 노벨상을 수상하였다. 한편 베르기우스는 높은 압력과 온도에서 역청탄을 수소와 반응하여 액체 탄화수소를 생성하는 방법을 처음으로 개발한 독일의 화학자이다. 또 합성 연료를 처음으로 연구하고 개발하였으며,

고압에서 진행되는 화학 반응 연구로 노벨 화학상을 수상하였다.

이후 보슈와 그의 공동 연구자들은 최상의 촉매를 찾아내기 위해 수많은 실험을 하였다. 당시 보슈는 촉매의 성능을 시험하기 위해서 약 30개의 암모니아 시험 가동 장치를 구비해 놓고 손에 쥘 수 있는 모든 금속을 시험하였다고 한다. 반복되는 실험과 결과 분석에 얼마나 많은 땀을 흘렸을지 그 노력에 고개가 절로 숙여진다. 결국 보슈는 스웨덴 광산에서 취한 철광석에서 얻은 철이 오스뮴이나 우라늄 못지않은 촉매 효과를 지니고 있다는 것을 알아냈다. 그것도 단 한 번의 실험으로 말이다. 물론 하버도 보슈보다 앞서 순수한 철을 촉매로 여러 번 실험을 하였지만 좋은 결과를 얻지 못하였다. 불순물이 어느 정도 포함된 철은 촉매 효과가 있지만, 순수한 철은 촉매 효과가 미미하여 성공을 거두지 못한 것이었다. 순수한 철을 촉매로 하여 많은 실험을 한 하버도, 그리고 철 촉매를 처음으로 사용한 오스트발트도 찾아내지 못한 철의 촉매 효과를 보슈가 찾아낸 것이다. 불순물을 포함한 철의 발견에 대한 행운은 결국 보슈에게 돌아간 것이다.

하버와 마찬가지로 보슈도 여러 종류의 금속을 대상으로 수많은 실험을 하는 과정에서 당연히 철의 촉매 효과도 실험하였다. 그런데 보슈가 우연한 기회에 얻은 스웨덴 광산의 철이 '매우 다행스럽게' 도 행운의 불순물이 포함된 촉매였던 것이다. 촉매는 보통 불순물에 매우 민감하다. 철 성분의 아주 조그만 변화가 철의 촉매 특성에 엄청난 변화를 가져오는 것처럼 말이다. 따라서 반응을 촉진시키는 주 촉매를 찾는 것도 중요하지만, 촉매 표면에 들러붙어서 촉매의 성능을 현격히 떨어뜨

리거나 정지시키는 물질, 즉 촉매 독(catalytic poison)이 무엇이며, 어떤 기능을 하는지 알아내는 것도 촉매를 찾는 일 못지않게 중요하다. 결국 이 발견은 보슈의 작은 변화도 놓치지 않는 날카로움과 철저한 실험 자료 분석 능력, 끊임없는 노력과 끈기의 결과라고 할 수 있다. 과학자들에게 주어지는 최후의 영광과 행운 뒤에는 이와 같이 열심히 노력하는 과학자들의 땀과 절망의 순간이 쌓여서 만들어진 영광의 상처들이 숨어 있다.

보슈는 인문계 고등학교가 아닌 실업계 고등학교를 졸업하였고, 대학 진학 전에는 제련소를 비롯해서 다양한 종류의 공장에서 일한 경험이 있었다. 샬로텐부르크 공과대학교에서는 금속학과 기계공학을 전공하였다. 이후 그는 라이프치히 대학교에서 유기화학으로 박사 학위를 받았고 바스프에서 현장 엔지니어로 오랫동안 일을 하였다. 이와 같이 보슈는 다양한 직업 경험과 현장에서 갈고 닦은 노하우를 살려서 많은 어려운 난관을 뚫고 암모니아의 대량 생산 공정을 완성해 내는 쾌거를 이룩한 것이다.

드디어 하버는 그의 연구 결과가 상업적으로도 충분히 성공적이라는 점을 카를스루에 지역의 과학연합회의에서의 강연을 통해 발표하였다. 그때가 1910년 3월 18일이었다. 당시 바스프 회사의 중역 및 연구 관계자들은 과학적 사실은 최소로 노출한다는 조건으로 하버의 강연을 마지못해 허락하였다. 아직은 대량 생산을 위한 실험과 연구가 진행 중이었고, 더구나 그렇게 중요한 발명에 대한 산업화를 바스프가 아닌 다른 화학 회사가 먼저 진행해 버린다면 그동안 공들인 자신들의 노력이 수

포로 돌아갈 것이 뻔하였기 때문이었다. 하버의 발명과 발견이 갖는 위대함은 그동안 공기에 풍부하게 존재하는 매우 안정한 질소를 사용해서는 질소 화합물을 생산할 수 없다는 개념을 완전히 무너뜨리고 새로운 세계를 연 획기적인 것이었다. 인공적인 질소 고정에 대한 서막이 열리는 순간이었다. 학회는 물론 산업계의 반응도 뜨거웠다. 하버의 연구가 발표되자마자 이것이 위대한 역사적인 발명이라는 것을 알고 있었던 것이다.

이후 하버는 개인은 물론 여러 회사로부터 상당히 많은 종류의 공동연구 제안을 받았다. 그러나 당시 하버는 이미 바스프와 계약이 된 상태였다. 바스프는 보슈를 중심으로 상업화 연구에 박차를 가하여 1910년 5월에 드디어 시험 공장을 완성하였다. 카를스루에에서 하버가 암모니아 합성에 관한 시연 실험에 성공한 후 겨우 10개월 만에 상업화 완성 단계에 이른 것이다. 그리고 1910년 말에는 하루에 18킬로그램의 암모니아를 연속적으로 생산할 수 있는 능력을 갖추게 되었다. 이것은 대학에서 진행된 연구가 연구 자체에 그치지 않고 산업체로 이전되어 상업화에 성공한 대표적인 예이며, 이로써 하버는 과학계의 전설이 되었다.

특허와 관련된 싸움

하버는 암모니아 합성 특허와 관련된 논쟁에 휩싸이며 많은 시간과 노력을 소모하였다. 여러 회사와 사람들이 하버의 특허에 대해 무효 소송을 제기하였는데, 그 근거는 1907년과 1908년에 네른스트와 그의 공동 연구자인 조스트(Friedrich Jost)가 독일 전기화학회지와 독일 무기화학지에 발표한 논문에 있었다. 특허 무효 소송을 제기한 사람들은 이미

암모니아 평형에 대한 학술 논문이 발표되었으며, 촉매를 사용해서 암모니아를 합성하는 것은 이미 알려진 사실이라는 점을 지적하였다. 특허 무효 소송에는 훼히스트 염색회사가 앞장을 섰다. 이 때문에 하버와 바스프는 기술 유출을 최소화하면서 법적 대응을 해야 되는 처지에 놓이게 되었다. 하버는 바스프에 특허를 양도하고 공동의 전략을 꾀하였다. 바스프는 특허를 방어해 줄 수 있는 전문가로 네른스트를 선정하고, 그에게 많은 고문 비용을 지급하고 계약을 체결하였다. 네른스트는 이미 암모니아 합성에 관한 실험도 하였고, 암모니아 평형에 관한 논문도 발표하였으므로, 이 일에 적격인 과학자라고 판단하였던 것이다. 특히 그의 열 이론이 암모니아 합성 수율에 대한 이론적인 예측이 가능하다는 것도 선임에 도움을 주었을 것이다.

그런데 네른스트는 하버의 암모니아 평형 연구와 논문에 매우 비판적인 인물이었다. 그래서 많은 사람들은 하버의 실험과 연구 자료가 치밀하지 못하다고 혹독한 비평을 가하였던 거물 과학자에게 전문가 의견을 의뢰하였으므로, 바스프가 특허 재판에서 불리할 것이라고 예상하였다. 그러나 네른스트는 재판정 진술에서 하버의 실험 결과는 기술적으로 자신의 연구 결과와 전혀 다르다는 주장을 폈고, 상대편 과학자는 물론 변호사까지 설득하는 데 성공하였다. 네른스트 자신은 과학적 내용에만 관심이 있었으며, 암모니아를 대량으로 생산할 수 있는 기술은 하버가 압력과 촉매를 비롯한 여러 가지 기술적 어려움을 극복한 전혀 새로운 기술이라는 점을 강조하였다. 네른스트는 바스프의 고문으로 고용되어 철을 촉매로 암모니아를 합성한다는 하버의 특허 내용을 반복 실험하면서 결과를 검토한 결과, 하버의 손을 들어 준 것이다. 개인적으로는 하버를 못마땅하게 생각한 때도 있었지만, 하버의 특허가 가치가 있는 신기술임을 인정한 것이다. 물론 네른스트의 변론에는 고문료의 위력도 상당하였을 것으로 생각되지만, 후배 과학자의 업적을 다시 확인하고 그 연구 결과에 승복하는 네른스트의 마음가짐은 많은 후배 과학자들이 배워야 할 자세이다.

반면에 훼히스트는 오스트발트에게 전문가 의견을 요청하였다. 오스트발트는 하버의 공정은 단지 압력에 변화를 준 것에 불과하며, 이미 과학적으로 예견된 것이므로 새로울 것이 없다는 의견을 내놓았다. 결국 하버의 특허에 대한 찬반을 사이에 두고 스승인 오스트발트와 그의 연구 조수로 일하였던 경험이 있는 네른스트가 서로 법정에서 맞붙은 결과가 된 것이다. 드디어 1912년 3월 라이프치히에 있는 법원은 하버의 손을 들어 주었다. 법원의 판결은 하버에게 매우 만족스러운 결과를 가져다주었다. 즉 네른스트와의 불편한 관계도 해소되었고, 재정적으로도 엄청난 수입을 거둘 수 있게 된 것이다. 하버는 바스프로부터 향후 15년 동안 암모니아 1킬로그램 생산에 1.5페니히(독일의 화폐 단위로 1/100마르크)를 받기로 하였다. 1913년 바스프에서 생산한 암모니아가 대략 약 3만 톤이었고, 1916년에 이르러 30만 톤까지 증산되었으니 엄청난 특허료 수입이 들어왔을 것으로 미루어 짐작할 수 있다. 대략 계산을 해 보아도 수백만 마르크의 돈이 하버의 손에 쥐어졌다.

하버의 암모니아 합성을 실험실 규모에서 공장 규모로 확대해서 산업화를 이끌어 낸 일등 공신은 보슈였다. 산업화를 위해서는 효율이 좋고

수명이 긴 촉매를 찾는 연구는 물론 생산되는 암모니아를 반응물로부터 분리하고, 반응하지 않은 질소와 수소를 재순환시키는 문제를 포함해서 기술적으로 어려운 문제가 한두 가지가 아니었을 것이다. 촉매 연구를 담당한 사람은 미타쉬로, 미타쉬는 보슈의 연구팀에 합류하여 암모니아 합성에 사용되는 철 촉매를 발견하는 데 결정적인 기여를 하였다.

보슈 연구팀의 실험 과정은 엄청난 인내와 끈기를 요구하였다. 1912년 초부터 약 2,500개의 서로 다른 촉매 물질을 사용해서 6,500번의 실험을 진행하였으며, 1919년까지 약 1만 번의 실험을 진행하였다는 기록이 있다. 대략 계산해도 적어도 하루에 5번 이상의 실험을 해야 되는 강행군을 수년간 지속한 결과였다. 30여 대의 촉매 시험 장치를 가동하

| 하버의 암모니아 예측 수율(%)(온도와 압력 조건에 따른 평형에서 암모니아의 비율) |

온도(℃)	1기압	30기압	100기압	200기압
200	15.30	67.60	80.60	85.80
300	2.18	31.80	52.10	62.80
400	0.44	10.70	25.10	36.30
500	0.13	3.62	10.40	17.60
600	0.05	1.43	4.47	8.25
700	0.02	0.66	2.14	4.11
800	0.02	0.35	1.15	2.24
900	0.01	0.21	0.68	1.34
1,000	0.00	0.13	0.44	0.87

자료: Fritz Haber, "The Synthesis of Ammonia from It's Elements", Nobel Lecture, June 3, 1920.

였다고 하더라도 실제로 일한 기간을 짐작해 보면 밤낮을 가리지 않고 실험을 해야 되는 상황이었을 것이다. 암모니아 합성에 관한 한 아직까지도 미타쉬 박사와 그의 연구진이 개발한 촉매를 뛰어 넘는 효율을 보여 주는 촉매가 개발되지 않은 것으로 미루어 그의 발견이 대단한 것임을 알 수 있다.

당시의 기술로도 질소는 비교적 쉽게 대량 생산이 가능하였다. 그러나 수소의 생산은 그렇게 간단한 문제가 아니었다. 수성 가스(water gas)라고 하는 수소와 일산화탄소를 포함한 혼합 기체로부터 수소를 얻었는데 수성 가스는 뜨겁게 달구어진 코크스 위로 수증기를 통과시켜 생산하였다.

$$H_2O + C \rightarrow H_2 + CO$$

위 반응은 흡열 반응으로, 반응이 계속 진행되려면 연료로 사용되는 코크스에 열을 계속 공급해 주어야 한다. 연속적으로 수소 기체를 얻기 위해서는 수증기와 산소 또는 수증기와 공기를 번갈아 가면서 코크스에 불어넣어야 연소가 되고 열이 발생한다.

$$O_2 + C \rightarrow CO_2$$

$$O_2 + 2C \rightarrow 2CO$$

그 결과 공기 또는 순수한 산소가 코크스를 통과할 때는 이산화탄소나 일산화탄소가 생성되는 반응이 진행되면서 열이 발생한다. 이들 두 화학 반응에서 발생하는 열의 양은 각각 $\Delta H = -393.5$킬로주울/몰, $\Delta H = -221$킬로주울/몰이므로 다시 수증기와 반응할 때 필요한 열이 공급될 수 있는 것이다.

수소와 일산화탄소의 혼합물로부터 일산화탄소를 제거하는 일도 처음에는 쉽지 않았을 것이다. 일산화탄소(CO)는 황(S) 다음으로 암모니아 합성 과정에서 촉매에 독으로 작용한다. 그러므로 반응 용기에는 순수한 수소만 통과시켜야 하고, 반드시 일산화탄소를 제거해야 한다. 수성 가스 반응에 의해서 생성된 일산화탄소는 여분의 수증기에 압력을 가하면서 공급하면 상당량이 이산화탄소로 변환될 수 있다.

$$CO + H_2O \rightarrow CO_2 + H_2$$

그렇지만 반응을 하지 않고 남아 있는 약 2%의 일산화탄소가 문제가 되었으므로 이 부분을 해결해야만 하였다. 보슈는 1932년에 스톡홀름에서 진행된 그의 노벨상 강연에서 이 문제를 어떻게 해결하였는지 설명하였다. 해결 방법은 구리 화합물을 포함하는 암모니아 용액에 반응하지 않고 남아 있는 일산화탄소를 흡수시키는 것이었다. 구리 산화물(Cu_2O, 구리의 산화물로 금속 구리의 산화수가 +1이다. CuO(cupric oxide)의 경우에는 구리의 산화수가 +2이다.)을 암모니아에 녹이면 무색의 구리 화합물($[Cu(NH_3)_2]^+$)이 형성된다. 그러나 이렇게 만든 용액을 공기 중에 방치하면 구리 이온(Cu^+)이 산화되어 산화수가 증가한 구리 이온(Cu^{2+})으로 변한다. 이 경우에 용액은 푸른색을 띠며, 구리 화합물($[Cu(NH_3)_4(H_2O)_2]^{2+}$)로 존재할 가능성이 매우 높다. 색 변화만 관찰해도 구리 화합물의 상태를 짐작할 수 있는 것이다.

한편 그 용액에 일산화탄소가 존재하면 구리 이온(Cu^+)이 일산화탄소의 환원 작용으로 인해서 금속 구리(Cu)로 변하면서 용액에 침전이 형성된다. 보슈는 소량의 산소를 용액에 지속적으로 공급하여 금속 구리가 형성되는 것을 방지하면서도 일산화탄소를 흡수할 수 있는 용액 상태를 유지할 수 있었다. 이와 같이 구리의 산화수가 1인 화합물을 포함하는 암모니아 또는 암모늄 용액들은 일산화탄소를 흡수할 수 있다. 만약 용액이 일산화탄소로 포화된다면 가볍게 용액을 가열해 주기만 하면 다시 일산화탄소를 흡수할 수 있는 상태로 변한다. 다시 말해서 용액의 반복 사용이 가능하다. 이러한 용액은 적절한 조건을 유지하면 용액 부피의 거의 15배 이상 되는 부피의 일산화탄소를 흡수할 수 있다. 결국 보슈는 반응하지 않은 일산화탄소를 성공적으로 제거하여 수성 가스 반응에서 생성되는 순수한 수소 기체를 암모니아 합성 반응 용기에 흘려 줄 수 있었다.

순수한 질소를 얻는 방법은 이미 개발된 상태였다. 공기를 낮은 온도로 낮추어서 액화시킨 후에 산소와 질소의 끓는점 차이를 이용하면 두 기체를 쉽게 분리할 수 있다. 우선 공기 중에 포함된 먼지와 수증기, 이산화탄소를 제거한 후 단열 팽창 등을 이용하여 공기의 온도를 약 -200℃로 낮추면 액체가 형성된다. 액체의 주성분은 질소와 산소이며, 액체의 온도를 조금 높여 주면 끓는점이 낮은 질소(질소의 끓는점은 -195.79℃, 산소의 끓는점은 -182.95℃)가 먼저 증발한다. 그러므로 일단 액화된 공기 액체를 분별 증류하면 순수한 질소 기체를 얻을 수 있다. 이것은 원유를 분별 증류하여 각 성분을 뽑아내는 것과 같은 원리이다.

질소와 수소 기체 혼합물의 높은 압력을 견디면서 반응이 진행될 수 있는 반응 용기의 설계도 어려운 문제였다. 초기 실험에서는 비교적 높은 압력이 요구되는 암모니아 합성 조건을 견딜 수 있는 용기의 재질도 문제가 되었다. 처음으로 실시한 대용량 실험에서는 3일을 못 넘기고

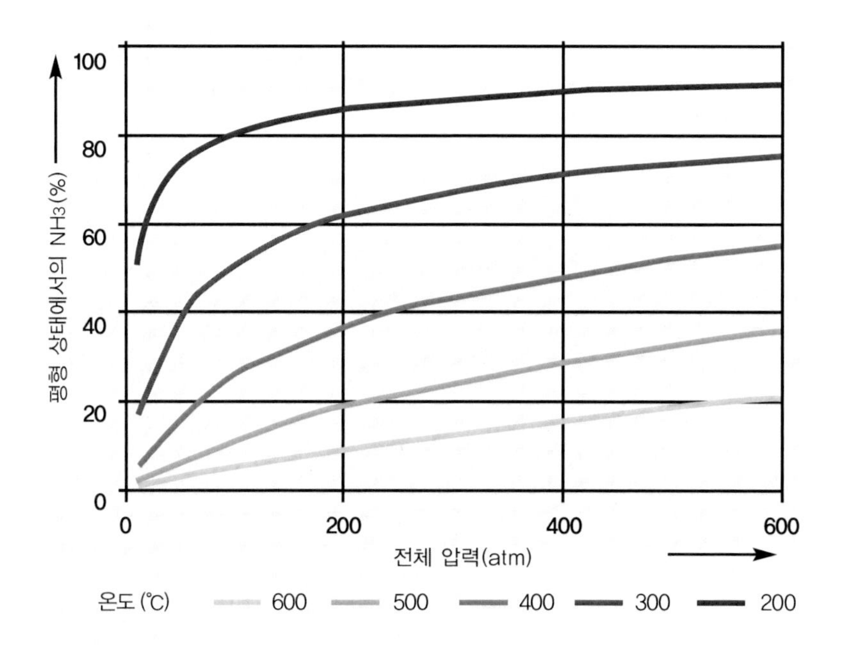

:: 온도와 압력에 따른 암모니아의 수율(%)

폭발사고가 났다. 수소와 철이 반응하여 부서지기 쉬운 합금을 만드는 것처럼 철 용기 재질에 불순물로 포함된 탄소가 철과 반응하여 부서지기 쉬운 탄화철이 형성되고, 반응 용기에서 메테인 가스가 형성되면서 폭발을 한 것이다. 이것은 반응 용기의 약한 부분이 압력을 견디지 못해 터진 것이다. 따라서 탄소 성분이 전혀 없는 철로 내부 용기를 만들어 탄화철이 형성될 수 있는 조건을 근본적으로 배제함으로써 이 문제를 해결하였다. 그런데 암모니아 합성에 필요한 반응물인 수소와 용기 재료인 철이 반응하는 문제가 여전히 남아 있었다. 보슈는 내부 용기에 조그마한 구멍을 여러 개 뚫어서 수소가 철제 용기와 반응하기 전에 빠져나갈 수 있도록 새롭게 용기를 고안하여 이 문제를 해결하였다. 이것은 교과서에도 나오지 않는 내용이며, 계산을 한다고 해도 해결할 수 있는 문제로 보이지 않는다. 연구 실험을 하다 보면 그 상황에 맞는 꾀(아이디어)를 내야 할 때가 많이 있다. 이러한 꾀는 다양한 실전 경험을 쌓아야 터득할 수 있는 개인의 경험과 자산이다. 보슈의 다양한 경험이 어려운 난국을 돌파할 때 진가를 발휘한 것처럼 보인다. 나중에 연구를 통해 밝혀진 것이지만, 수소의 공격을 완전히 차단할 수 있는 용기의 재료로 적합한 물질은 철에 몇 가지 원소를 첨가하여 만든 합금이었다.

제1차 세계 대전 중에는 바스프의 암모니아 생산 시설이 대폭 확충되었다. 그 이유는 암모니아를 비료 생산에 사용하지 않고 질산을 생산하는 데 이용하였기 때문이다. 질산은 폭약을 만드는 데 없어서는 안 될 중요한 원료 화학 물질이기도 하였다. 결국 공기에서 뽑아낸 질소로 암모니아를 생산하면 식량 문제를 해결하기 위한 비료 생산에 사용되지만, 암모니아는 사람들을 죽이는 폭약 생산에 사용되기도 한다. 화학 물질의 이중성이 당연히 암모니아에도 적용되는 대목이다. 화학 물질을 어떻게 이용하는가에 따라 약이 되기도 하고 독이 되기도 하는 것이다. 화학 물질 자체만으로는 본질적으로 완전히 안전하거나 완전히 위험한 물질도 없는 것이다.

3장

하버의 눈물

하버의 눈물

하버의 노벨상 수상 뒷이야기

:: 하버의 노벨상 수상 자료

제1차 세계 대전 기간에도 노벨상 명단은 발표되었다. 그러나 축하 강연이나 만찬은 열리지 않았다. 이 시기(1914~19년)에 노벨상 수상자들은 모두 1920년에 상을 받았고, 이때 강연 기회가 주어졌다. 하버는 1918년에 노벨 화학상 단독 수상자로 결정되었는데, 그의 수상 업적은 공기 중에 있는 질소를 사용하여 암모니아를 합성한 것에 대한 것이었다. 노벨(Alfred Bernhard Novel, 1833~1896)이 추구하는 인류에 대한 지대한 공헌이라는 기준에 하버의 연구 결과가 합격 점수를 받은 것이다. 공기로부터 암모니아를 경제적으로 대량 합성하는 데 성공한 것은 인류를 굶주림에서 해방시킬 수 있게 한 커다란 사건으로, 이는 노벨상을 받을 자격이 충분하고도 남는 것이었다. 그러나 하버의 노벨상 수상 소식이 발표되자 각국의 과학자들과 언론은 하버의 수상 자격을 놓고 격렬히 반대하였다. 특히 독일을 위해서 화학전에 앞장섰다는 사실에 문제를 제기하고 나섰다. 전선에서 화학 무기의 살포를 직접 지휘하고, 적극적으로 전쟁 무기를 연구하여 독일의 전쟁 능력을 뒷받침하였던 하버의 역할이 비난의 대상이 된 것이다. 심지어 연합국 수상자들은 노벨상 수상 기념식을 보이콧하였다. 보이콧을 한 수상자 중에는 1915년 노벨상 수상자로 결정된 영국인 과학자 헨리 브래그(William Henry Bragg, 1862~1942)와 로렌스 브래그(William Lawrence Bragg, 1890~1971) 부자도 있었다. 전쟁의 앙금이 채 가시기도 전에 적대국 독일의 화학전에 대한 책임이 있는 과학자와 같은 자리에서 노벨상을 수상한다는 사실을 받아들일 수 없었던 것이다.

그러나 당시 노벨 위원회에서는 수상 업적을 심사하는 과정에서 제1차 세계 대전에서의 하버의 역할을 정확하고 충분히 알지 못하였을 수도 있었을 것이다. 현재의 기준으로 볼 때 더욱 이해할 수 없는 일은 암모니아 합성 연구 초기에 지대한 공헌을 한 로시놀을 비롯해 대량 생산 공정을 성공적으로 이끈 보슈 등이 공동 수상자로서 이름이 빠졌다는 것이다. 암모니아 대량 생산에 매우 크게 기여한 이들을 제외하고, 하버를 단독 수상자로 결정한 위원회의 판단은 이해하기 어렵다.

전쟁 중에 독가스 방어와 보호에 필요한 방독면의 개발 주역을 맡았던 빌스타터(Richard Willstatter, 1872~1942)도 1915년에 노벨 화학상을 수상하였다. 참고로 빌스타터는 독일의 유기화학자로, 엽록소의 구조를 비롯한 식물의 화학 성분에 대한 연구 업적으로 노벨상을 받았다. 빌스타터는 하버의 장례식에 참석하여 조사를 읽었으며, 하버와 평생 친구였다. 이를 보면 노벨상 업적 심사 시 전쟁 중에 노벨상 수상자가 한 행적은 크게 문제 삼지 않았던 것 같다. 어쩌면 노벨 위원회에서 친독일 성향의 학자들이 일부러 전쟁 관련 행적을 들추어 내지 않았을 수도 있다. 어쨌든 이런 일들로 많은 수상자들이 수상식 참여를 거절하거나 수상 자체를 거부하는 일이 벌어졌다.

하버는 1918년 노벨 화학상을 수상하기 전에 네 차례에 걸쳐서 노벨상 수상 후보자로 지명되었다. 암모니아 합성 성공을 발표한 후에 1912년부터 시작해서 암모니아 대량 생산이 현실화된 1916년까지 노벨 위원회가 열릴 때마다 하버의 이름이 거론되었다. 그렇지만 네 차례 모두 수상자에서 제외되었는데, 그것은 암모니아 공정에 대해 자세히 공개된 과학 문헌이 거의 없었고, 암모니아 대량 생산에 결정적인 역할을 한 보슈는 물론 로시뇰과 같은 기여도 높은 과학자와 공동 수상 여부를 결정하지 못하였기 때문인 것으로 생각된다. 아마도 암모니아 합성에 대한 평가를 한다면 이의를 제기할 수 없었을 것이다.

그러나 독일이 제1차 세계 대전에 사용한 폭약 원료를 제조할 때 하버가 발명한 기술이 사용되었다는 점과 하버가 전쟁에서 화학 무기를 사용하는 데 적극적으로 나섰다는 점이 고려되었을 가능성도 있다. 이 때문에 1918년 노벨 위원회에서도 많은 논란 끝에 수상자 결정을 다음 해로 미루고 해를 넘기게 되었다. 1919년 다시 노벨 위원회가 열렸을 때에는 이미 전쟁도 끝났고, 평화 시에는 하버의 암모니아 공정 기술이 비료 생산에 큰 공헌을 할 것으로 예상된다는 점과 이미 대량 생산이 되고 있는 확실한 증거가 있었기 때문에 하버의 업적을 인정하고, 상을 주기로 결정한 것으로 보인다. 하버는 본인 업적에 대해 인정을 받은 것에 감사한 마음도 있었지만, 무엇보다 독일인으로 살아가는 것을 무척이나 자랑스럽게 여겼기 때문에 독일의 과학이 세계에서 인정받았다는 점을 더 기뻐하였을 가능성도 배제할 수 없다.

독가스를 만든 과학자

화학전이 언제 시작되었는지 정확한 역사적 기록을 찾는 것은 매우 어려운 일이다. BC 400여 년 전에도 독화살의 사용을 금지한다는 문헌이 있는 것으로 보아 그 역사가 꽤 오래되었을 것으로 짐작될 뿐이다. 그리고 이보다 더 이전에 관찰력이 뛰어난 족장이나 전사들이 부족들의 다툼에 식물 또는 동물의 독을 이용하였을 가능성도 있다. 부족 간

싸움에서 화살촉이나 창과 같은 무기에 자기들만 알고 있는 독을 묻혀서 다른 부족들을 제압한 것이 아마도 인류의 화학전의 시작일 것으로 생각된다. 독화살을 맞은 적군이 신체적으로 무력화되거나 사망에 이르게 됨으로써 싸움의 목적을 달성할 수 있었을 것이다.

오늘날 화학전의 시조로 하버를 꼽는 사람들이 많은데, 그것은 아마도 소규모로, 그리고 제한적으로 화학 물질을 사용하였던 과거와 달리 제1차 세계 대전에서는 전면적으로 대량의 화학 물질을 사용하였기 때문일 것이다. 화학 물질을 전쟁 무기로써 연구하고 그것을 사용하였을 때의 효과와 영향까지 고려한 화학전은 아마도 제1차 세계 대전이 처음이었을 가능성이 높다. 또한 하버는 화학전을 이끌 기구를 조직하고, 연구에 앞장서서 화학 물질을 전쟁 무기로 개발하였으며, 전쟁터에서 화학 무기의 실행을 진두지휘한 과학자였기 때문에 명예롭지 않은 화학전의 시조라는 별명을 얻은 것으로 보인다. 특히 하버가 이끄는 연구팀과 조직은 화학 무기로부터 아군의 방어는 물론 개인을 보호하기 위한 도구를 개발하는 데에도 적극적이었다. 하버 자신도 독일에서 화학전을 조직하고 시작한 사람이 본인임을 인정하였다.

전쟁이 시작되자 하버는 전쟁을 관장하는 정부 부처에서 화학 부분의 장으로 임명되었다. 하버는 참호에 숨어 있는 연합군을 구식 무기로 제압하는 데 한계를 느끼고 화학 무기를 사용하여 군인들을 무기력하게 만들거나 심지어 전쟁을 수행할 수 없게 만드는 전략을 세우기 시작하였다. 화학 무기를 사용해서 군인들을 대량으로 무력화시키면 오히려 인명 살상을 최소화하면서 단기간에 전쟁을 종식시킬 수 있을 것이라고 판단하였을 수도 있다. 화학 무기의 무서운 점을 안다면 연합군을 신속하게 협상 테이블로 끌어내서 전쟁을 종식시키려는 전략을 생각하고 수립한 것으로도 볼 수 있다.

실제로 하버는 포탄으로 군인들이 사망하고 부상을 당하는 것과 화학 무기로 사망하거나 고통을 받는 것이 전혀 다르지 않다는 개념을 갖고 있었던 것처럼 보인다. 하버의 독일에 대한 불타는 애국심과 그것에 걸맞은 경력, 그리고 독일에 대한 자부심을 생각한다면 그에게는 무슨 수단을 써서라도 조국 독일이 승리하는 것이 최우선 과제였을 것이다. 또 다른 한편으로는 독일은 장기전으로 전쟁을 치를 준비가 되어 있지 않았다. 그러므로 모든 수단을 동원해서라도 가능한 빠른 시일 내에 승리를 하고 싶었을 것이다. 이러한 독일 수뇌부의 생각과 하버의 화학전에 대한 개념이 맞아떨어진 것이 화학전을 벌인 중요한 계기가 되었을 가능성도 배제할 수 없다. 더구나 하버는 전쟁 전에 이미 상업적으로 암모니아 생산에 성공하여 비료 생산에 큰 공헌을 하였다. 그런데 공교롭게도 전쟁이 일어나면서 암모니아가 폭약을 만드는 중요한 원료 물질이 된 것이다. 어쨌든 하버는 이래저래 독일에 큰 기여를 한 인물이 되었다.

당시 독일은 이미 독가스 사용에 관한 헤이그 규약에 서명을 한 국가였다. 헤이그 규약에는 질식가스 또는 유해가스의 확산을 위한 폭탄과 폭약의 사용을 자제한다는 내용이 포함되어 있었으며, 특히 독이나 독을 포함하는 무기를 금지하는 조항이 있었다. 후에 독일은 헤이그 규약에 최루가스 사용에 대한 규정이 불분명하게 제시되어 있으며, 살인 가스(lethal gas)에 대한 내용은 없다는 이상한 논리를 들어 자신들의 입장을 대변하였다.

한편 제1차 세계 대전에서 처음으로 사용한 화학 무기는 다이아니시딘 클로로설포산 염(dianisidine-chlorosulfonate)이었다. 이 물질은 주체할 수 없을 정도로 재채기를 유발하여 전투력 저하를 유도하는 목적으로 사용되었다. 분말로 만들어졌으며 독성이 매우 약하였다. 이것은 1897년 처음으로 아스피린을 추출 및 생산한 바이엘 사에서 생산되었으며, 1914년 10월 27일에 프랑스 누브샤펠(Neuve Chapelle, 벨기에에 근접한 프랑스 북부 마을)에서 처음 사용되었다. 105밀리미터 곡사포 포탄에 담아서 연합군에게 투여하였는데, 화학 물질이 터진 것도 알아채지 못할 정도로 그 효과가 미미하였다.

그 후 얼마 지나지 않아 새롭게 개발된 브로민화자일릴(xylyl bromide)이 사용되었다. 브로민화자일릴은 티 스토프(T-stoff)라는 암호명으로 불렸으며, 이 물질은 자극성이 더 강하고, 최루 특성 효과도 더 강하였다. 1914년 9월에 비록 작은 양이지만 프랑스 군이 이미 최루가스를 사용하였다는 기록이 있는 것으로 보아서 전쟁 초기에는 적을 무력화시키는 수단으로 최루가스를 사용한 것으로 보인다.

그러다가 화학전이 본격적으로 전개되면서 드디어 염소(Cl_2)를 사용하기 시작하였다. 염소는 상온(25℃, 1기압)에서 기체 상태로 존재하며 물 1리터에 약 3.26그램이 녹는데, 이것은 염소 기체가 물과 반응하여 염산(HCl)과 하이포염소산(HClO)이 생성되는 반응이 진행되기 때문이다.

$$Cl_2 + H_2O \rightarrow HCl + HClO$$

염소 원자와 염소 원자 사이에 이루어진 결합은 비교적 약하여 염소 기체는 물뿐만 아니라 다른 화합물과도 잘 반응한다. 이산화탄소가 물 1리터에 약 1.45그램이 녹는 것과 비교할 때 염소는 상대적으로 물에 잘 녹는 물질임을 알 수 있다. 염소 기체에 비해 안정한 산소 기체는 상온에서 물 1리터에 약 8밀리그램이 녹으며, 질소는 약 19밀리그램이 녹는다.

이러한 염소를 화학 무기로 사용할 것을 군부에게 조언한 사람도 하버였고, 현장에서 처음으로 염소의 살포를 지휘한 것도 하버였다. 염소는 여러 가지 이유로 선택이 된 듯하다. 우선 염소는 공기보다 무거워서 방공호나 참호의 바닥까지 깔릴 수 있다. 참호에 완벽하게 몸을 가린 병사들에게 재래식 무기는 효과가 없었지만, 참호 구석구석을 파고들어 낮게 깔리는 염소는 그야말로 공포의 대상이었다. 염소는 참호까지 파고 들어가 병사들을 죽게 하였고, 설령 살아서 도망친다고 해도 정신적인 공황 상태는 전투를 할 의욕을 꺾기에 충분하였을 것이다. 독일이 염소를 선택한 또 다른 이유는 염소를 액체 상태로 만드는 기술이 이미 확보되어 있어 염소의 대량 생산과 운반이 가능하였기 때문이다. 또한 액체 상태의 염소는 기체에 비해 부피가 엄청나게 작아 전장에서 신속하게 이동하는 면에서도 유리하였다.

드디어 1915년 4월 22일에 벨기에의 이프르에 염소가 처음으로 대량 살포되었다. 본격적인 살상 무기로서 독성 화학 물질인 염소를 사용하기 시작한 것이다. 액체 염소를 실린더에 옮겨서 공중에 살포하는 방법을 사용하였는데, 액체 염소는 살포되는 순간 공기와 혼합되면서 청록

색의 염소 기체로 변하여 널리 퍼졌다. 기체의 특성상 바람의 영향이 매우 컸기 때문에 바람의 방향이 연합군으로 향하는 시기에 맞추어 염소를 살포하였고, 공격은 성공적으로 이루어졌다. 사람에게 흡입된 염소 기체는 폐의 점막에 있는 물과 반응하여 자극적이면서 동시에 치명적인 염산을 형성한다. 이 때문에 염소 기체를 들이마신 병사들은 폐에 물이 차서 죽어갔다. 염소 가스 공격으로 죽어가면서 증언한 병사들에 의하면 마치 메마른 땅에서 익사하는 느낌이었다고 한다. 숨이 막혀 죽었으니 얼마나 답답함을 느꼈을까? 염소 기체를 많이 마신 병사들은 위와 폐에서 초록색 액체를 계속 토해 내면서 결국에는 죽는 것으로 관찰되었다.

방독면을 착용하지 않은 상태에서 염소 가스를 살포하게 되면 적군이나 아군 모두에게 위협이 된다. 따라서 기상 조건을 면밀히 관찰하여 바람의 방향이 적군으로 향할 때만 염소 가스를 살포해야 하였다. 독일군이 염소 가스를 살포할 당시 하버는 염소 가스 살포에 대해 총괄 지휘를 맡았다. 그리고 염소 가스 살포 현장에서 하버를 도운 세 명의 과학자, 즉 프랭크(James Franck, 1882~1964), 헤르츠(Gustav Hertz, 1887~1975), 한(Otto Hahn, 1879~1968) 모두 노벨상을 받았다. 하버를 포함해서 화학전을 처음으로 시도하였던 네 명의 과학자 모두 노벨상을 받은 것이다. 이프르에서 있었던 염소 가스 공격으로 연합군은 약 350명의 사상자가 발생하였고, 가스에 중독된 사람은 약 7,000명이었다. 염소 가스가 전쟁을 곧바로 끝낼 정도의 위력은 아니었던 것이다.

염소 공격에 대한 공헌으로 황제의 인정을 받은 하버는 중간 단계의 계급을 거치지 않고 즉시 대위로 진급하였다. 염소 가스의 사용은 독일군이 먼저 하였으나, 연합군도 곧바로 뒤따라서 사용하기 시작하였다. 이프르 공격 이후 6개월 정도 지난 1915년 9월 24일에 프랑스 북부에서 영국군이 염소 가스 공격을 처음으로 시도한 것이다. 그렇지만 자국의 병사들을 2,500명 이상 죽이는 엉뚱한 실수를 저지르고 말았다.

염소 가스 등장 이후 더 무서운 독가스들이 화학 무기로 등장하였다. 염소보다 더 치명적인 독성을 지닌 포스겐(phosgene)과 겨자 가스(mustard gas) 사용이 시작된 것이다. 독일에서 포스겐의 사용을 제안한 사람은 네른스트이며, 프랑스 군의 화학전을 뒷바라지한 과학자는 그리냐르(Victor Grignard, 1871~1935)였다. 그리냐르는 1912년 노벨 화학상 수상자로, 제1차 세계 대전에서 독일의 하버에 대응되는 연합군 과학자로 거론되곤 하는 인물이다.

한편 제1차 세계 대전에서 사망한 사람들의 통계를 보면 전체 사망자 중에서 염소 가스로 인한 사망자보다 후에 사용된 포스겐으로 인한 사망자의 비중이 훨씬 크다는 것을 알 수 있다. 결국 전쟁이 본격화되면서 화학전에 관한 한 독일과 연합군 모두 유능한 과학자를 전쟁에 끌어들인 것이다. 하버와 같이 조국을 위해서 자발적으로 참여한 경우도 있지만, 어쩔 수 없는 상황에서 이런 상황을 숙명으로 받아들였던 과학자도 적지 않을 것이다. 만약 독일이 제1차 세계 대전에서 승리하고, 프랑스 군을 포함한 연합군이 패배하였다면 아마도 화학전의 아버지라고 불릴 사람이 하버에서 다른 과학자로 바뀌지 않았을까 생각된다. 역사는 승리한 사람의 입장에서 유리하게 서술되고 후세에 알려지는 특성이 있기 때문이다.

하버의 연구소에서는 새로운 독가스의 개발과 사용법은 물론 독가스로부터 군인을 보호하기 위한 도구들의 개발도 광범위하게 진행되었다. 그리고 이 모든 것을 조직하고 실행하는 과정에서 하버가 큰 역할을 하였다. 한창 전쟁 중이던 1916년부터는 연구소 운영 예산이 모두 독일 전쟁 부서에서 지원되었고, 하버의 지휘 아래 화학 무기 개발이 본격화되었다. 자극성 기체 또는 살상 기체를 폭탄에 실어서 적진에 유효하게 퍼뜨리는 화학전을 치르는 것은 군인들만으로는 불가능한 일이었으며, 과학자들의 방법과 도움이 절대적으로 필요할 수밖에 없었을 것이다. 당시 전쟁 지휘부에서는 화학전을 치르기 위한 전략과 전술에 하버를 비롯한 과학자들의 도움을 받았다. 사실 20세기 전까지만 해도 과학자의 윤리적 책임을 따지는 일도, 깊게 생각하는 일도 없었던 것처럼 보인다. 하버의 적극적인 참여는 조국 독일에 대한 무한한 애정과 일에 대한 열정과 윤리 의식의 부재가 낳은 결과로 해석할 수도 있다.

제1차 세계 대전 당시 가스의 살상 능력을 추정하는 기준으로 하버 상수를 사용하였는데, 하버 상수는 죽음에 이르는 시간과 가스의 농도를 곱한 양으로 정의된다. 하버 상수가 작으면 더 큰 독성을 지닌 물질인 것이다. 즉 독성 물질의 농도가 진한 것을 사용하면 죽는 데 걸리는 시간이 짧고, 농도가 묽은 것을 사용하면 죽는 데 걸리는 시간이 길어질 것이다. 염소 가스의 하버 상수는 약 7,500으로, 이것은 염소 농도가 7,500밀리그램/세제곱미터(약 7.5피피엠)일 경우 1분 내에 죽는 것을 의미한다. 이프르에서 처음 염소 공격에 사용된 염소의 농도는 약 5.0 피피엠이었다. 그러므로 현장에서 직접 염소에 노출된 사람은 약 2분도 안 되어 사망하였을 것이다. 더 독성이 강한 포스겐의 경우에는 하버 상수가 450으로 염소보다 훨씬 독성이 강한 물질이라는 것을 알 수 있다. 또한 포스겐은 잔디를 막 깎았을 때 퍼지는 냄새처럼 냄새가 나쁘지 않아 군인들이 포스겐을 마셨다는 것을 알았을 때에는 이미 손 쓸 방법이 없었다.

시대의 숙명과 하버의 눈물

화학전을 치르기 위해서는 화학 무기의 개발뿐만 아니라 화학 무기를 취급하는 군인들의 보호 장비도 동시에 개발되어야 하였다. 1915년 4월에 있었던 이프르 공격에서는 공격의 선봉에 섰던 군인과 과학자들에게 산소마스크가 공급되었다. 반면 일반 병사들에게는 싸이오황산나트륨(Natrium thiosulfate, $Na_2S_2O_3$) 용액을 적신 솜뭉치를 나누어 주었다. 이

것은 싸이오황산나트륨이 염소 가스와 반응하여 염화 이온으로 변하면 염소 가스의 독성이 현저히 줄어드는 효과가 있기 때문이다. 그러나 실제 야전에서 사용하였을 경우 얼마나 효율적일지는 알 수 없는 상황이었다. 더구나 싸이오황산나트륨 용액을 적신 솜뭉치로 방어하기에는 염소 가스의 양이 너무 많은 상황이었다.

한편 싸이오황산나트륨은 부피 적정(volumetric titration)을 통해서 분석물의 양을 알아낼 때 사용하는 시약으로, 분석물(예를 들어서 과산화수소)을 아이오딘화 이온(I^-)과 반응하게 하면 아이오딘(I_2)이 생성되고, 생성된 아이오딘은 싸이오황산나트륨과 정량적으로 반응한다(아래 반응식 참조). 그런데 싸이오황산나트륨의 농도는 표준화 과정을 거쳐서 이미 정확하게 알고 있으므로 적정 반응으로 생성된 아이오딘과 반응하는 싸이오황산나트륨의 부피를 알아내면 분석물의 양과 농도를 계산할 수 있다. 이런 분석 방법을 간접 아이오딘법(iodometry)이라고 한다.

$$H_2O_2 + 2I^- + 2H^+ \longrightarrow I_2 + 2H_2O$$

$$I_2 + 2S_2O_3^{2-} \longrightarrow 2I^- + S_4O_6^{2-}$$

화학전이 본격적으로 전개되면서 다양한 종류의 독성 화학 물질이 개발되었다. 독성 물질을 전달하는 방법도 곡사포, 박격포 등으로 그 종류가 많아졌다. 박격포를 사용하자고 제안한 과학자는 네른스트였다. 하버와 마찬가지로 네른스트도 적극적으로 전쟁에 참여한 과학자였고, 그 공로를 인정받아서 독일 최고의 철십자훈장을 받았다.

1917년에는 화학전에 사용되는 독성 물질인 겨자 가스가 등장하였다. 겨자 가스는 겨자 냄새가 난다고 해서 붙여진 별칭이다. 독일군은 물론 연합군도 겨자 가스를 사용하기 시작하였는데, 염소나 포스젠이 폐를 공격하여 죽음에 이르게 하는 반면, 겨자 가스는 접촉된 부위에 물집이 형성되는 화학 물질이다. 심하면 피부가 타 들어가고, 눈에 들어가면 시력이 완전히 상실된다. 염소와 포스젠은 방독면으로 폐를 보호하면 되지만, 겨자 가스는 모든 접촉을 차단해야 하기 때문에 공격을 받는 사람들의 보호 장비가 훨씬 더 복잡하고 부피도 커야만 하였다. 또한 사망에 이르기까지 몇 주에 걸쳐 치료를 받아야 하였기 때문에 병사들의 전투력을 더 약화시키는 결과를 낳았다. 전쟁을 치르는 입장에서 보면 염소나 포스젠보다 오히려 겨자 가스가 더 효율적인 독성 물질이었던 것이다. 겨자 가스는 실온에서 액체(끓는점이 217℃)로 존재하기 때문에 에어로졸 형태로 뿌려서 분산되면 온갖 곳에 퍼지고 성능이 오래 지속되었다. 그러나 기록에 따르면 제1차 세계 대전에서 가장 많은 사상자를 낸 물질은 포스젠이었다. 독가스로 인한 전체 사망자의 약 80%가 포스젠으로 인한 사망으로 추정되고 있다.

하버의 지휘를 받았던 독일의 연구소와 기관에서는 군인들을 독가스로부터 보호하기 위한 가스마스크에 사용되는 각종 필터도 개발하였다. 기존에 광산 노동자들이 사용하는 비교적 크기가 큰 산소마스크는 있었지만, 전쟁터에서는 소용이 없었다. 산소마스크보다 간편한 휴대용 가스마스크의 개발이 절실하였다. 규조토(diatomite)를 이용한 한 층으로 구성된 가스 필터가 처음으로 제작되었는데, 규조토는 다공성 물질로 주성분은 실리카(SiO_2)였다. 실리카의 흡착력을 이용한 것이다. 다른 종류의 가스 흡착제로는 부석(pumice)을 사용하였다. 부석 역시 다공성 물질로, 칼륨이 포함되어 있어 염소 가스를 잘 묶어둘 수 있었다. 나중에는 흡착층이 3개인 가스 필터가 장착되어 실전에 이용되기도 하였다. 전쟁이 한참 진행 중일 때 하버의 지휘를 받은 화학 박사만 150명을 넘었다고 하는데, 이들 덕분에 모든 종류의 전쟁 필요 물자를 연구하고 보급할 수 있었을 것이다.

전쟁과 관련하여 하버의 잘못을 꼽으라면 그의 커다란 애국심이 윤리 의식에 너무 앞섰다는 점을 들 수 있다. 아마도 과학 결과의 사용과 윤리 의식에 대한 논란은 앞으로도 계속되겠지만, 결국 선택의 몫은 그것을 이용하고 활용하는 인간이지 과학 결과물이 아니라는 점이다. 전쟁 중에 화학전을 고안하고 적극 가담한 것은 그 시대를 살았던 독일의 하버를 비롯한 과학자, 그리고 연합국 과학자들의 숙명이었을 것이다. 물론 그런 숙명을 온몸으로 거부한 과학자들도 적지 않았다는 것은 역사적 기록이 말해 주고 있지만 말이다.

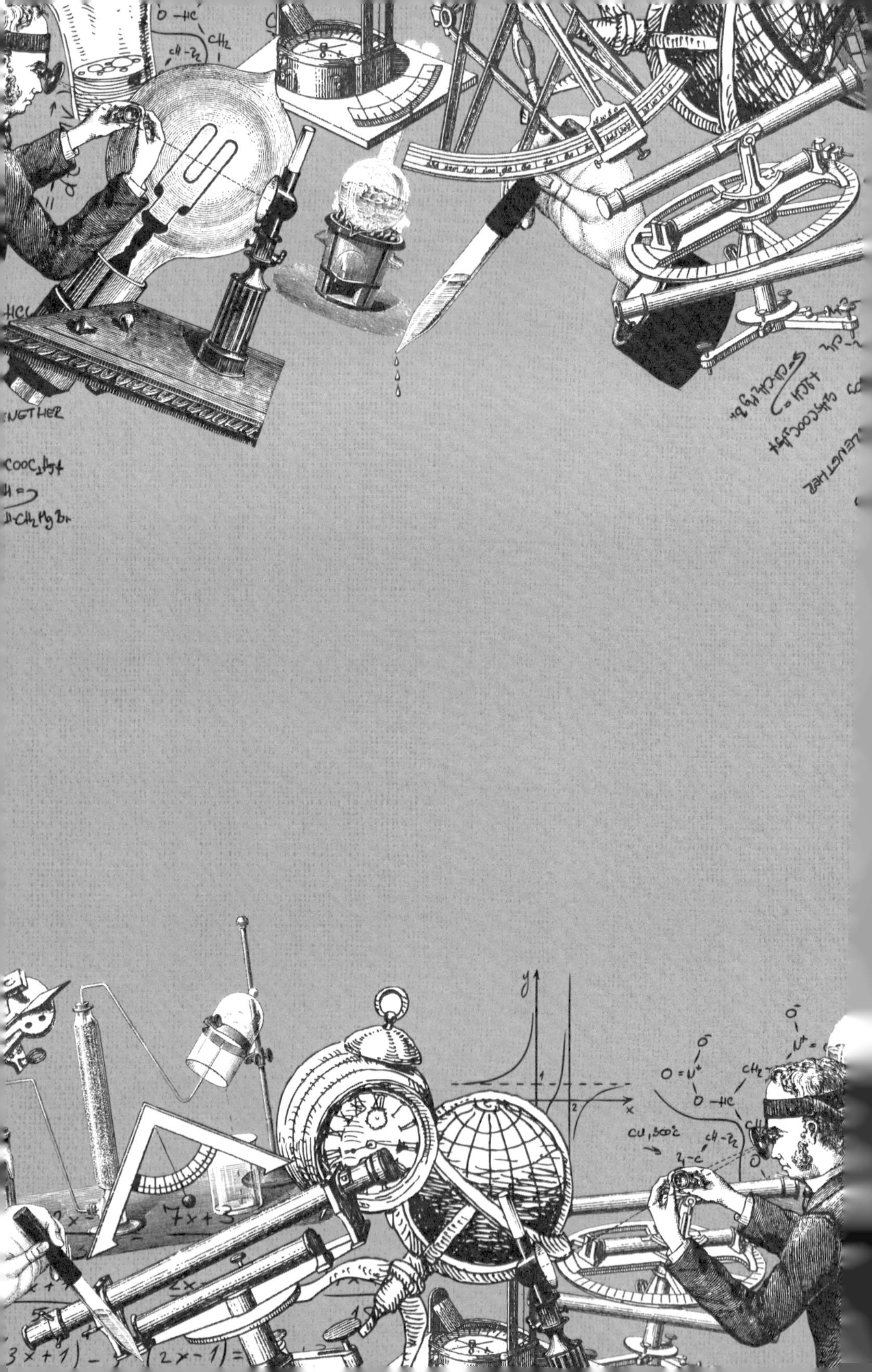

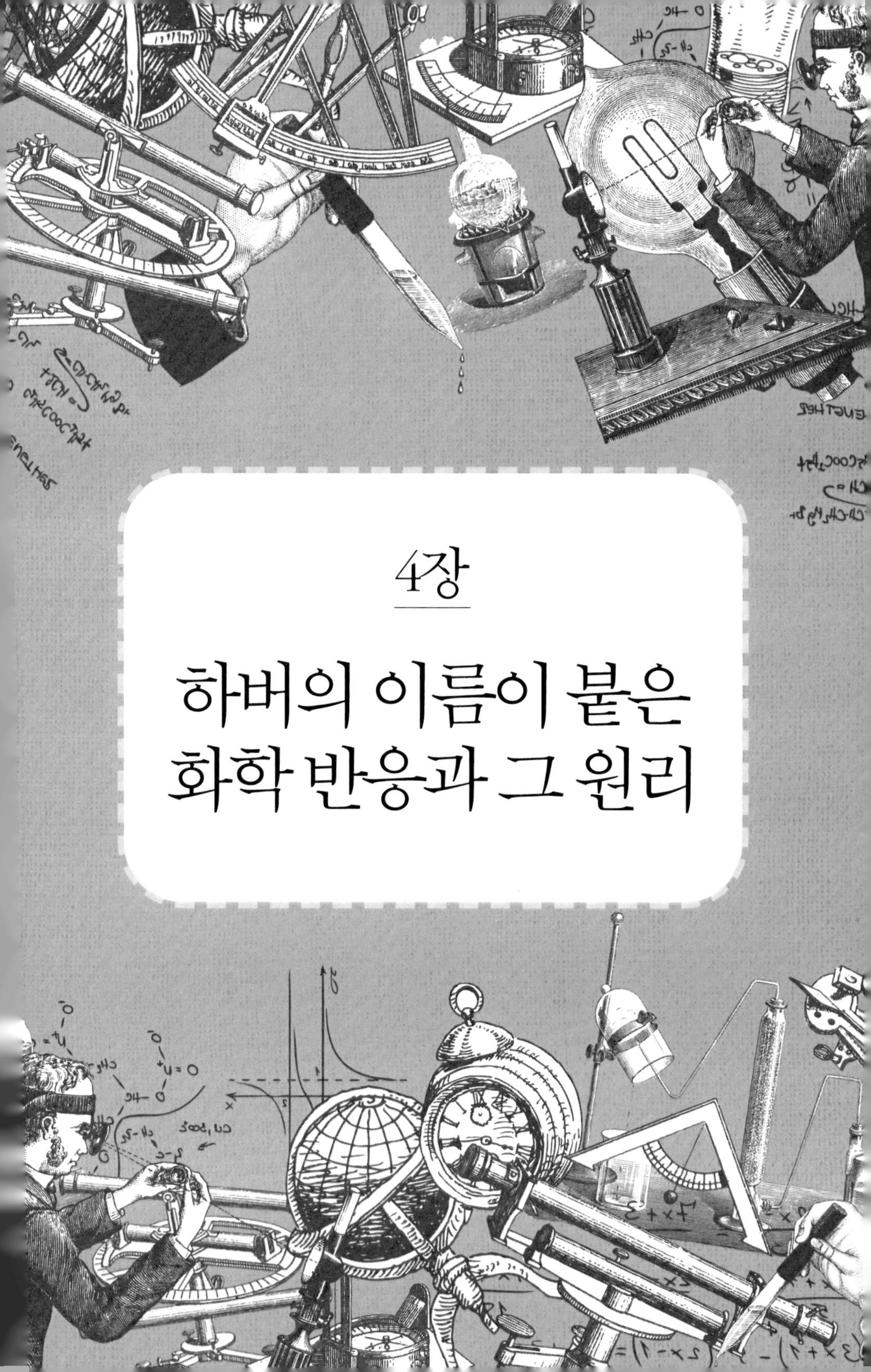

4장

하버의 이름이 붙은 화학 반응과 그 원리

하버의 이름이 붙은 화학 반응과 그 원리

하버 – 보슈 공정과 르샤틀리에 원리

2010년 전 세계적으로 생산된 암모니아는 약 1억 3,000만 톤이다. 이 중 약 80%는 비료 생산의 원료로 사용되었으며, 약 20%는 폭약, 플라스틱 재료, 의약품 원료와 같이 일상생활에 필요한 다양한 제품의 원료로 사용되었다. 암모니아는 독특한 자극성 냄새가 나는 기체이며, 암모니아 수용액은 암모니아 기체를 물에 녹인 용액을 말한다. 무게비로

5~10% 정도 되는 암모니아 용액은 유리창을 닦는 세제로 사용되기도 하며, 가정용 세제에도 포함되어 있다. 또한 프레온 가스가 냉매로 사용되기 전에는 암모니아를 냉매로 사용하기도 하였다.

화학 평형에 대한 르샤틀리에 원리는 암모니아 합성 반응에도 적용된다. 르샤틀리에 원리란 평형 상태에 놓여 있는 화학 반응에 '자극'을 가하면 그 자극을 완화하거나 제거하는 방향으로 반응이 진행되면서 새로운 평형 상태에 도달하는 것을 말한다. 여기서 말하는 '자극'이란 화학 평형에 변화를 줄 수 있는, 즉 평형에 영향을 미치는 반응물이나 생성물의 농도 변화, 온도 변화, 압력 변화를 말한다.

하버-보슈 공정의 주요 반응인 질소와 수소가 반응하여 암모니아가 형성되는 화학 반응식은 다음과 같다.

$$N_2(g) + 3H_2(g) \rightarrow 2NH_3(g) \quad \Delta H = -92\text{킬로주울/몰}$$

반응물과 생성물 앞에 적혀 있는 정수는 그 화학 물질의 양을 몰(mole) 단위로 나타낸 것이다. 몰은 화학 물질의 양을 나타내는 기본 단위이다. 예를 들어 질소 기체 1몰은 질소 분자의 개수가 아보가드로수(6.022×10^{23})만큼 모여 있는 양을 말한다. 이렇게 많은 수의 질소 분자가 모인 전체 질량은 질소 분자의 분자량인 28그램이다. 기체로 존재하는 화학 물질은 압력과 온도에 따라 그 부피가 달라지므로 기체 상태의 화학 물질이 표준 상태(25℃, 1기압)에 있을 때 기체 1몰이 차지하는 부피는 22.4리터가 된다. 따라서 위의 화학 반응식은 질소 기체 1몰과 수소 기체 3몰이 반응하면 암모니아 기체 2몰이 생성된다는 것을 나타낸 것이다. 반응식 끝에 적힌 $\Delta H = -92$킬로주울/몰은 이 반응은 발열 반응이며, 열에너지의 크기가 92킬로주울/몰이라는 것을 의미한다.

암모니아가 생성되는 반응이 진행되기 시작하면 질소, 수소, 암모니아가 모두 기체 상태로 존재하므로 반응 용기는 기체 혼합물로 채워져 있을 것이다. 만약 이 반응이 평형에 도달한 경우, 더 많은 암모니아를 생성하려면 평형이 오른쪽으로 이동해야 한다. 새로운 자극을 반응이 진행되는 계에 적용할 수 있는 경우는 여러 가지가 있을 수 있다.

첫 번째로 선택할 수 있는 자극은 온도를 낮추는 일이다. 반응계의 온도를 낮추면, 반응은 온도가 내려간 것을 만회하려는 방향으로 평형 이동이 될 것이다. 자극(온도 낮춤)을 완화시키는 일이란 열이 발생하여 온도를 본래의 상태로 되돌리려는 것이다. 따라서 열을 더 발생시키려면 반응이 오른쪽으로 진행되어야 한다. 그렇게 될 경우 더 많은 암모니아가 생성될 것으로 기대할 수 있다. 다시 말해서 이 반응은 발열 반응이므로 열을 빼앗는 '자극'을 가하면 새로운 평형은 열을 더 발생시키는 방향으로 진행될 것이다. 결국 자극을 완화시키는 방향은 반응이 오른쪽으로 진행되어 열이 발생하는 방향으로 진행될 것이며, 그것은 더 많은 암모니아가 생성되는 것이다.

두 번째로 선택할 수 있는 자극은 압력을 높이는 일이다. 반응계의 압력을 높이면 새로운 평형은 높아진 압력을 감소시키는 방향으로 진행될 것이다. 따라서 전체 압력이 1이라면 반응물의 부분 압력은 6분의 4(질소 1몰 + 수소 3몰 + 암모니아 2몰 중에서 질소 1몰 + 수소 3몰)이며, 생성물의 부분 압력은 6분의 2(암모니아는 전체 가스 6몰 중에서 2몰)가 된다. 반응에 대한 자극이 압력을 높이는 것이라면 압력을 낮추는 방향으로 반응이 진행되어 새로운 평형에 도달하게 된다. 따라서 압력을 높이면 전체 압력에서 더 많은 부분 압력을 차지하고 있는 반응물의 압력이 감소하는 방향으로 반응이 진행된다. 그것은 반응이 오른쪽으로 진행되는 것을 의미하며, 그 결과 암모니아가 더 많이 생성된다.

그런데 르샤틀리에 원리를 이용하여 암모니아 생산량을 늘리려고 온도를 낮추고 압력을 높인다고 문제가 해결되지는 않는다. 왜냐하면 화학 반응의 진행 속도는 일반적으로 낮은 온도에서는 느리고, 높은 온도에서는 빠르기 때문이다. 발열 반응이기 때문에 온도를 낮추면 평형은 암모니아가 형성되는, 즉 원하는 방향으로 이동하겠지만 온도가 낮아지므로 반응 속도가 느려 시간당 생산되는 암모니아의 양은 오히려 줄어들 것이다. 그렇다고 반응 속도를 높이려고 온도를 올리면 새로운 평형은 암모니아 생성이 줄어드는 방향으로 이동할 것이다. 이처럼 온도 조절만으로 암모니아의 양을 늘리려는 계획은 그야말로 진퇴양난이 되고 만다.

낮은 온도에서 화학 반응 속도를 빠르게 하려면 일반적으로 촉매를 사용하는데, 하버 연구팀은 비교적 낮은 온도에서 촉매를 이용하여 반응 속도를 증가시키는 방법을 연구하기 시작하였다. 하버가 암모니아 합성에 처음 성공적으로 도입한 촉매는 오스뮴이었고, 나중에 우라늄도 오스뮴 못지않게 촉매로 작용할 수 있다는 사실을 밝혀냈다. 우라늄은 오스뮴보다 비교적 더 쉽게 손에 넣을 수 있지만, 두 금속 모두 구하기도 쉽지 않고, 경제적이지도 않았다. 오스뮴과 우라늄 어느 것도 암모니아의 대량 생산의 촉매로 사용하는 데에는 한계가 있었다. 이 때문에 미타쉬 박사의 주도로 적절한 촉매를 찾는 연구가 계속되었다. 이때 특별히 고안된 소규모 고압 장치를 사용하였는데, 한 번 실험에 약 2그램의 촉매를 사용하였고, 가능한 한 많은 종류의 촉매를 시험하는 방법으로 연구를 진행하였다. 수많은 실험을 반복한 끝에 스웨덴의 한 광산에서 보내온 철 산화물이 드디어 촉매로서 우수한 특성을 보인다는 사실을 관찰할 수 있었다. 그 후 연구를 거듭하여 철 산화물에 알루미늄 또는 칼륨 등과 같이 다른 금속이나 금속 산화물을 첨가하여 새로운 촉매들을 개발하였다. 결국 하버-보슈 공정에서 암모니아를 대량으로 생산할 때 사용한 촉매는 보다 경제적이고 구하기 쉬운 불순물이 섞인 철이었다.

그런데 암모니아 합성을 하려면 높은 압력에도 견디는 설비를 갖추어야 한다. 그러나 당시의 기술로는 매우 높은 압력을 견딜 수 있는 시설과 장비를 만들 수 없었다. 결국 높은 압력을 유지할 수 있는 장치 개발과 촉매 개발, 그리고 형성된 암모니아를 효율적으로 제거할 수 있는 용기의 고안이 필수적이었다. 르샤틀리에 원리에 따라 생성물인 암모니아를 반응계에서 생성되자마자 제거하는 것은 암모니아 생성을 촉진시키는 좋은 방법이었다. 왜냐하면 생성물을 제거하는 '자극'을 가하면 그 자극을 완화하는, 즉 생성물을 생성시키는 방향으로 새로운 평형이 이동하기 때문이다. 이 모든 공정 연구가 성공하였기 때문에 암모니아의 대량 생산이 가능하였던 것이다. 지금은 1,000기압이 넘는 고압의 기체를 취급할 수 있을 정도로 기술력도 있고, 좋은 재료들도 개발되어서 높은 압력에서 진행되는 화학 반응도 문제없이 진행할 수 있다. 바스프 공장에서 처음으로 암모니아 대량 생산에 성공하였을 때 사용된 반응 조건은 온도 550℃, 압력 200기압이었다. 당시에 200기압을 다룰 수 있는 기술이라면 아마도 최첨단 기술이었을 것이다.

보른-하버 순환

화학 물질은 에너지가 더 낮은 안정한 상태로 변하려는 경향이 강하다. 어떤 화학 반응이 자발적으로 진행되어 반응물이 생성물로 변하는 것은 생성물의 에너지 상태가 반응물의 에너지 상태보다 더 선호되기 때문이다. 전지를 사용할 때 전지 내부에서 진행되는 반응이 자발적인 화학 반응의 대표적인 예이다.

이온 결정 또는 이온 화합물이 자발적인 화학 반응을 통해 형성될 때에도 이러한 논리를 적용할 수 있다. 다시 말해서 이온 결정 또는 이온 화합물의 에너지 상태가 그것들을 형성하는 데 참여한 반응물의 에너지 상태보다 더 낮고 안정된 상태로 변하기 때문에 결정이나 화합물이 형성되는 것이라고 볼 수 있다는 것이다.

보른-하버 순환(127쪽 그림 참조)은 이온 결정들이 형성될 때 초기 반응물들이 최종 생성물까지 진행되는 동안에 각 반응 단계 또는 반응물의 변환 단계에 수반되는 에너지의 변화를 종합적으로 살펴본 일종의 에너지 도표이다. 이 도표는 이온 결정이나 이온 화합물의 격자 에너지를 계산하는 데 매우 유용하다. 격자를 이루고 있는 이온 화합물이나 이온 결정에서 격자를 깨뜨려서 각각의 이온으로 만들려면 많은 에너지가 필요하다. 이때 에너지가 적게 드는 경우도 있고, 에너지가 많이 드는 경우도 있다. 따라서 격자 에너지의 크기를 알면 그 결정이 얼마나 안정한지 판단할 수 있다. 이온 결정의 격자 에너지가 크다는 것은 이온들 간의 결합이 강하며, 그 결정은 안정하다고 해석할 수 있다. 그런데 격자 에너지는 실험적으로 직접 측정이 불가능하며, 다른 실험 자료를 이용해서 간접적으로 알 수 있다. 격자 에너지는 기체 상태의 양이온과 기체 상태의 음이온이 반응하여 표준 상태의 이온 결정을 형성할 때 동반되는 에너지로 정의한다. 예를 들어 대표적인 이온 결정인 염화나트륨(NaCl, 순수한 소금) 형성에 대한 격자 에너지 관련 반응식은 다음과 같다.

$$Na^+(g) + Cl^-(g) \rightarrow NaCl(s)$$

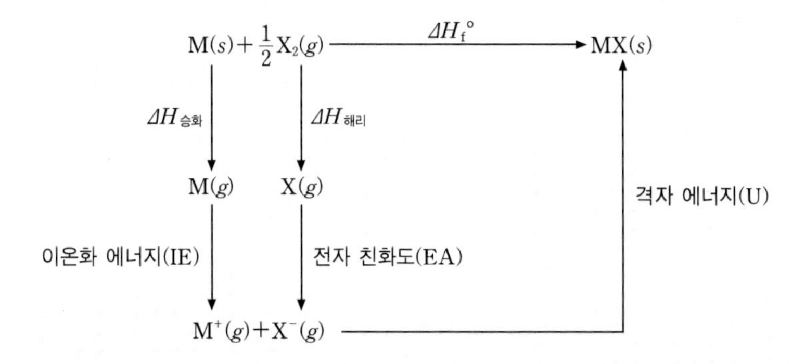

$$\Delta H_f° = \Delta H_{승화} + IE + \Delta H_{해리} + EA + U$$

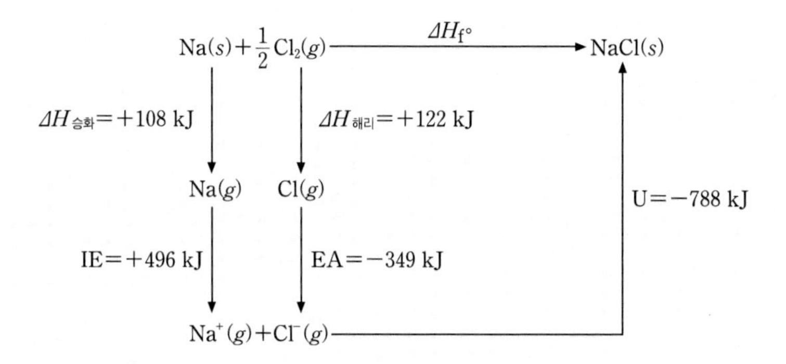

$$\Delta H_f° = \Delta H_{승화} + IE + \Delta H_{해리} + EA + U$$
$$\Delta H_f° = 108+496+122-349-788 = -411 \text{ kJ/mole}$$

:: 보른-하버 순환

기체 상태의 양이온과 기체 상태의 음이온이 결합하는 화학 반응은 자발적으로 진행되며, 그 결과 염화나트륨 결정이 형성된다. 기체 양이온과 기체 음이온이 결합하는 반응은 매우 잘 진행되는데, 이것은 양이온과 음이온의 결합인 데다가 기체 상태여서 액체나 고체보다 서로 부딪칠 확률이 높기 때문이다. 다시 말해서 양이온 또는 음이온이 별개로 각각 존재하는 것보다 서로 결합하여 다른 화학 물질로 변하는 것이 에너지 면에서 유리하다. 그러므로 안정화되는 만큼 에너지(또는 열)가 배출될 것이다. 만약 기체 양이온과 기체 음이온이 결합하여 고체 염화나트륨이 형성되는 반응이 어렵다면 에너지를 가해야 반응이 촉진될 것이다.

화학 반응이 자발적으로 진행되면서 에너지가 발생하는 반응을 발열 반응이라고 하며, 화학 반응이 진행되는 계에 에너지를 가하는 반응을 흡열 반응이라고 한다. 일반적으로 화학 반응이 일정한 기압에서 진행될 때 발생되거나 공급되는 에너지 변화를 엔탈피라고 부르며, 기호로는 ΔH로 표기한다. 발열 반응의 경우 ΔH는 −(마이너스)이고, 흡열 반응의 경우 ΔH는 +(플러스)이다. 발열 반응의 경우 생성물이 지닌 에너지는 반응물이 지닌 에너지보다 상대적으로 작다. 엔탈피는 생성물의 에너지에서 반응물의 에너지를 뺀 것으로 정의하므로, 여기에서 발열 반응은 마이너스이고, 흡열 반응은 플러스가 되는 것이다.

염화나트륨 결정($NaCl(s)$)은 다음과 같이 또 다른 반응 경로를 통해서도 형성될 수 있다. 예를 들어 각각 표준 상태에 있는 금속 나트륨($Na(s)$)과 염소 기체(Cl_2)가 반응하여 염화나트륨 결정이 생성될 때 반응식은 다음과 같다.

$$Na(s) + 1/2\ Cl_2(g) \longrightarrow NaCl(s) \quad \Delta H = -411\text{킬로주울/몰}$$

이 반응에 동반되는 에너지 변화도 있을 것이다. 그런데 이 반응은 발열 반응으로, 엔탈피 크기는 $\Delta H = -411$킬로주울/몰이다. 즉 나트륨 금속 1몰과 염소 기체 2분의 1몰과 반응하면 열이 발생하면서 1몰의 염화나트륨 결정이 생성되고, 그 크기는 411킬로주울이라는 것을 의미한다.

그런데 염화나트륨 결정은 어떤 반응 단계를 거쳐서 생성되든, 또 몇 단계 반응을 거쳐서 생성되든 최종 상태는 모두 같다. 이와 같이 반응 경로에 상관없고, 처음과 나중의 상태에만 의존하는 것을 상태 함수라고 한다. 상태 함수를 등산에 비유해 보자. 처음 출발 장소와 최종 도착 장소가 같다면 처음 장소에서 출발해서 어떤 등산로를 거쳐서 최종 장소에 도착하였다고 하더라도 두 상태의 높이 차이에 해당되는 에너지 차이는 같다는 것이다. 화학 반응에 수반되는 엔탈피 변화는 반응 경로에 상관없이 오직 처음 상태와 나중 상태에만 의존하는 상태 함수의 특성을 갖는다. 그러므로 기체 상태의 나트륨 양이온($Na^+(g)$)과 기체 상태의 염소 음이온($Cl^-(g)$)이 반응하여 형성된 염화나트륨 결정의 최종 에너지 상태와 금속 나트륨($Na(s)$) 1몰과 염소 기체($Cl_2(g)$) 2분의 1몰이 반응하여 형성된 염화나트륨 결정의 최종 에너지 상태는 같다. 또한 반응을 시작하는 물질($Na(s)$, $1/2Cl_2(g)$)이 같다면 처음 에너지 상태도 같을 수밖에 없다. 따라서 표준 상태에 있는 금속 나트륨과 염소 기체가 반응하여 곧바로 염화나트륨 결정이 형성되는 과정에 수반되는 엔탈피 변화는 금속 나트륨과 염소 기체가 여러 단계를 거쳐서 화학적 또는 물리적 상 변화 등을 거쳐서 염화나트륨 결정이 형성되는 과정에 수반되는 모든 엔탈피 변화를 합한 것과 같아야 한다. 왜냐하면 처음과 나중 상태 모두 똑같은 염화나트륨 결정이고, 출발 물질도 같기 때문이다. 보다 구체적으로 말하면 출발 물질($Na(s)$, $Cl_2(g)$)이 직접 반응하여 염화나트륨 결정이 형성되는 엔탈피 변화는 −411킬로주울/몰이므로, 출발 물질이 여러 경로와 단계를 거쳐서 염화나트륨 결정이 형성될 때도 여러 경로와 단계에서 수반되는 엔탈피의 모든 변화를 합치면 그 값 역시 −411킬로주울/몰이 되어야 한다.

여러 경로를 거친 후 최종 단계에서 기체 상태의 나트륨 양이온과 기체 상태의 염소 음이온이 결합하는 반응을 거쳐서 염화나트륨 결정이 형성되는 경우를 가상해 보자. 그렇게 되려면 일단 하나의 출발 물질인 나트륨 금속($Na(s)$)은 여러 단계를 거쳐서 기체 상태의 나트륨 양이온($Na^+(g)$)이 되어야 하고, 또 다른 출발 물질인 기체 상태의 염소 분자($1/2Cl_2(g)$)는 기체 상태의 염소 음이온($Cl^-(g)$)으로 변해야 된다. 그리고 기체 나트륨 양이온과 기체 염소 음이온이 반응하여 최종 상태의 결정이 될 때 방출되는 에너지는 격자 에너지가 될 것이다.

출발 물질인 고체 나트륨($Na(s)$)은 기체 나트륨($Na(g)$)을 거쳐서 기체 나트륨 양이온($Na^+(g)$)으로 변하는 것으로 생각할 수 있다. 첫 번째 단계는 고체가 기체로 변하는 승화이다. 고체가 기체로 되려면 에너지(열)를 가해야 된다. 이때 계는 에너지를 흡수하는 과정이므로, 이 과정은 흡열 과정으로 +이고, $\Delta H_{(승화)}$ = +108 킬로주울/몰이다. 두 번째 단계는 기체 나트륨($Na(g)$)인 중성 원자에서 전자를 1개 떼어내어 기체 양이온($Na^+(g)$)이 되는 이온화 과정이다. 중성 원자에서 전자를 강제적으로 떼어내야 되므로 첫 번째 단계와 마찬가지로 계에 에너지를 가해야 한다. 일반적으로 기체 상태의 중성 원자에서 전자를 떼어내는 데 필요한 에너지를 이온화 에너지(IE, Ionization Energy)라고 하며, 이 경우에는 $\Delta H_{(IE)}$ = +496킬로주울/몰이다. 두 번째 과정 역시 흡열 과정이다.

또 다른 출발 물질인 기체 상태의 염소 분자($1/2Cl_2(g)$)는 기체 염소 원자($Cl(g)$)를 거쳐서 기체 염소 음이온($Cl^-(g)$)으로 변하는 것으로 생각할 수 있다. 첫 번째 단계는 염소 분자($Cl_2(g)$)가 중성 염소 원자($Cl(g)$)로 해리되는 과정이다. 염소 원자 간에 이루어진 결합을 끊어야 염소 원자로 만들 수 있으므로, 이 과정도 계에 에너지(열)를 가해야 한다. 이때 필요한 에너지는 $\Delta H_{(해리)}$ = +122킬로주울/몰이다. 두 번째 단계는 중성 원자인 염소($Cl(g)$)가 전자를 끌어당겨 염소 음이온($Cl^-(g)$)으로 변하는 과정이다. 중성 원자가 전자를 끌어당기는 척도를 전자 친화도(EA, electron affinity)라고 하는데, 염소의 경우에는 전자를 끌어당겨 음이온이 되려는 경향이 강하므로 전자를 받아들여 더 안정한 상태가 된다. 그러므로 이 과정에서는 오히려 에너지(열)가 발생한다. 이 경우 ΔH = −349킬로주울/몰이다. 염소 원자가 속해 있는 할로젠 족 원소들은 전자를 끌어당겨 음이온이 되면 더 안정화되는 경향이 있다. 따라서 중성 금속 원자에서 전자를 떼어낼 때의 에너지인 이온화 에너지와는 달리 부호가 반대이다.

이제 나트륨은 기체 상태의 나트륨 양이온으로, 염소는 기체 상태의 염소 음이온으로 되었다. 마지막으로 기체 상태의 양이온과 기체 상태의 음이온이 반응하여 고체 결정인 염화나트륨이 형성되면서 수반되는 에너지가 존재할 것이다. 이것을 격자 에너지 또는 격자 엔탈피라고 한다.

앞에서 설명한 것과 같이 염화나트륨 결정이 형성될 때 출발 물질도 같고, 최종 물질도 같으므로 엔탈피 변화는 항상 ΔH = -411킬로주울/몰이 되어야 한다. 그러므로 다음과 같은 식이 성립한다.

-411킬로주울/몰 = ΔH(출발 물질에서 한 단계를 거쳐 염화나트륨 결정이 형성될 때)
= ΔH(출발 물질에서 여러 단계를 거쳐 염화나트륨 결정이 형성될 때)

여기서 1단계 반응은 금속 나트륨과 염소 기체가 반응하여 한 번에 염화나트륨 결정이 되는 경우이며, 여러 단계 반응은 지금까지 설명한 승화, 이온화, 해리, 전자 친화도, 격자 형성을 거쳐 염화나트륨 결정이 되는 경우이다. 따라서 한 단계 반응의 엔탈피(ΔH = -411킬로주울/몰)와 여러 단계 반응의 엔탈피[ΔH(승화) + ΔH(이온화) + ΔH(해리) + ΔH(전자 친화도) + ΔH(격자 형성)]가 같고, 이 식을 이용하면 염화나트륨 결정에 대한 격자 에너지를 계산할 수 있다.

보른-하버 순환을 이용하면 많은 이온 화합물(결정)에 대한 격자 에너지를 이론적으로 계산할 수 있다. 양이온과 음이온의 전하의 크기와 각

이온들의 크기를 고려하면 수많은 이온 결정들이 존재할 것이다. 그 종류도 많다. 보른-하버 순환을 이용하여 실제의 결정은 물론 존재하지 않는 결정에 대한 격자 에너지(엔탈피)를 계산해 볼 수 있다. 만약 계산 결과, 격자 에너지가 크지 않다면 그런 결정은 존재하지 않을 가능성이 높은 것으로 판단할 수 있다. 즉 격자 에너지가 큰 +값이면 그 결정은 존재하지 않을 가능성이 매우 높으며, 큰 -값이면 아주 안정된 결정이 형성되어 자연 어딘가에 존재할 것이라는 판단 근거도 보른-하버 순환 계산으로 알 수 있는 것이다.

주제와 상관없이 다양한 과학 문제에 대해 누구와도 토론을 즐긴 하버의 성향으로 보아서 같은 고향 사람이며, 이론 물리학자로서 계산에 밝았던 보른(Max Born, 1882~1970)과도 화학 반응의 열 출입에 관한 이론에 대해서 토론하였을 가능성이 충분히 있다. 참고로 보른은 독일의 물리학자 겸 수학자로, 양자역학의 계산에 많은 기여를 하였으며 1954년에 노벨 물리학상을 수상하였다. 그리고 하버와 같은 고향인 브레슬라우의 유대인 가정에서 태어났다. 하버는 당연히 이온 결정의 형성과 분해에 관련된 열(에너지) 출입에도 많은 연구와 토론을 하였을 것이며, 보른-하버 순환은 이런 토론의 결정체라고 할 수 있다.

하버-바이스 반응

화학 반응 중에는 하버와 그의 제자였던 오스트리아의 화학자 바이스(Jeseph Weiss, 1905~1972)의 이름이 붙여진 하버-바이스 반응이 있다. 이 반응은 하이드록시 라디칼(hydroxyl radical, • OH)의 형성에 대한 것으로, 1934년에 발표된 논문(Haber, F., Weiss, J., The catalytic decomposition of hydrogen peroxide by iron salts. Proc. R. Soc. London, Ser. A. 147, 332~351. 1934.)에

그 근거를 두고 있다. 하버가 1934년 2월에 심장마비로 사망한 후 그해 11월에 이 논문이 발표되었다.

과산화수소(hydrogen peroxide, H_2O_2)와 초과산화물(superoxide, $\bullet O_2^-$)이 반응하면 하이드록시 라디칼($\bullet OH$)이 형성되며, 이 반응에서는 철 이온이 촉매로 작용한다. 반응식은 다음과 같다.

$$H_2O_2 + \bullet O_2^- \rightarrow \bullet OH + OH^- + O_2$$

$$Fe^{3+} + \bullet O_2^- \rightarrow Fe^{2+} + O_2$$

$$Fe^{2+} + H_2O_2 \rightarrow Fe^{3+} + OH^- + \bullet OH$$

위 세 개의 반응식은 서로 관련이 있다. 즉 두 번째 반응과 세 번째 반응을 합하면 결국 첫 번째 반응이 된다. 철 이온(Fe^{3+})은 소모되지 않고 두 번째, 세 번째 반응을 거치면서 계속해서 순환이 되므로 촉매로 작용한다.

철 이온(Fe^{2+} 또는 Fe^{3+})과 과산화수소를 포함하는 용액에서도 하이드록시 라디칼($\bullet OH$) 또는 과산화 라디칼($\bullet OOH$)이 형성된다. 이런 반응을 이용해서 만든 시약이 펜톤 시약으로, 이것을 찾아낸 영국의 과학자 펜톤(Henry John Fenton, 1854~1929)의 이름을 붙인 것이다. 반응으로 생성되는 라디칼들은 산화력이 굉장히 커서 그 종류에 관계없이 많은 유기 화합물을 무차별적으로 산화시킬 수 있다. 이론적으로 유기 화합물이 완전히 산화되면 이산화탄소와 물로 변한다. 그러나 산화되기 매우 어려운 유기 화합물의 특정한 부분을 산화시킬 경우 제한된 조건에서 펜톤 시약을 사용하기도 한다. 펜톤 시약이 강력한 산화제로 사용되는 것이다. 지금도 펜톤 시약의 화학 반응에 대한 메커니즘이 쟁점 사항으로 남아 있지만, 철 이온(Fe^{2+})과 과산화수소가 반응하면 라디칼이 형성된다는 것을 하버-바이스가 처음으로 제안하여, 이 반응을 하버-바이스 반응이라고 한다.

$$Fe^{2+} + H_2O_2 \rightarrow Fe^{3+} + OH^- + \bullet OH$$

$$Fe^{3+} + H_2O_2 \rightarrow Fe^{2+} + \bullet OOH + H^+$$

라디칼은 인체 내에서도 형성이 된다. 대사과정에서 생성된 라디칼은 반응성이 매우 강해 인체에서 중요한 역할을 하고 있는 단백질, 핵산과 같은 분자들을 무차별적으로 공격한다. 이 때문에 라디칼은 노화와 질병의 원인이 되는 물질로 알려져 있으며, 스트레스를 받게 되면 더 많이 생성되는 것으로 알려져 있다. 음식에 포함된 항산화 화학 물질들은 라디칼과 반응하여 라디칼의 반응성을 현저히 누그러뜨리거나 제거하는 역할을 한다.

러긴 – 하버 모세관

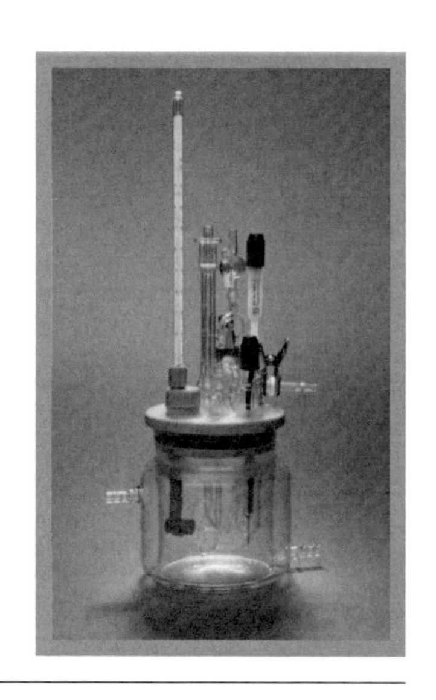

하버는 유기화학으로 박사 학위를 받았다. 그러나 하버는 자신의 연구 분야를 물리화학 분야로 확대하였으며, 거의 독학으로 전기화학 분야까지 연구 영역을 넓혔다. 전기화학 분야에서 하버가 활발한 활동을 할 수 있도록 실질적인 도움을 준 과학자는 러긴이었다. 하버는 러긴에게서 전기화학에 관해 배우면서 토론하고, 스스로 연구에 몰두한 결과

러긴이 카를스루에 공과대학교에 온지 2년 만에 전기화학에 관한 책을 냈다.

하버가 전기화학 분야에서 처음으로 낸 연구 업적은 백금 전극에서 나이트로벤젠의 환원에 대한 것이었다. 이 연구에서 하버는 백금 전극의 전위를 조절하면 환원제를 사용하지 않고도 유기 화합물을 환원시킬 수 있다는 사실을 증명해 보였다. 전극 반응이 일어나는 전극인 작업 전극의 전위를 정밀하게 조절하는 것은 전극의 환원력과 산화력을 자유롭게 조절할 수 있다는 점에서 매우 중요한 의미를 갖는다. 러긴의 도움으로 작업 전극의 전위를 정밀하게 조절하는 일을 해결하였는데, 이것이 바로 러긴-하버 모세관이다.

러긴의 아이디어는 기준 전극을 작업 전극과 같은 칸(chamber, compart-

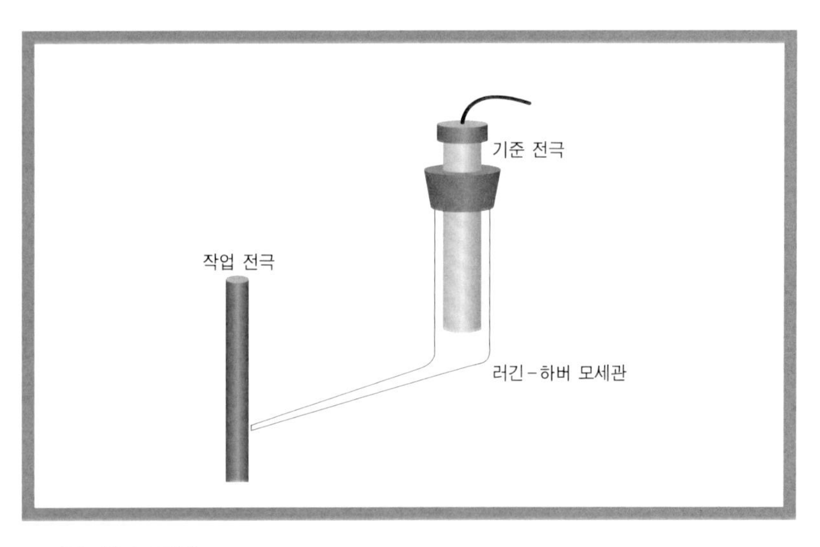

:: 러긴-하버 모세관

ment)에 놓지 않아도 가느다란 모세관으로 연결된 칸에 기준 전극을 놓고 모세관을 작업 전극에 매우 가깝게 배치하면 작업 전극의 전위를 보다 정밀하게 조절하는 것이 가능하다는 사실을 제시하였다.

러긴 - 하버 모세관은 유리관의 한쪽 끝이 충분히 넓어서 기준 전극을 담글 수 있고, 다른 한쪽 끝은 아주 미세한 구멍이 뚫려 있는 유리관이다. 미세한 구멍의 크기는 모세관에 전해질 용액을 채우면 기준 전극이 담긴 부분과 작업 전극에 가깝게 위치해 놓은 모세관 끝부분이 모세관 현상으로 전해질 용액이 채워져 안과 밖이 연결이 될 정도로 작다. 유리관의 넓은 부분 쪽을 기준 전극에 담그고, 미세한 구멍이 있는 유리관의 모세관 끝부분을 작업 전극에 매우 가깝게 놓으면, 기준 전극의 전위를 기점으로 작업 전극의 전위를 정밀하게 조절할 수 있다.

집필 후기 – 하버 연구소 방문

:: 하버 교수의 흉상 앞에서, 2012년 8월 25일(오른쪽 전시장에는 하버 교수의 책, 기구, 실험 장치 등이 전시되어 있다.)

필자는 지난 2012년 국제전기화학회(ISE, International Society of Electrochemistry)에서 개최하는 정기학술회의에 참석할 기회가 있었다. 귀국까지 이틀밖에 시간적 여유가 없었지만, 하버에 관한 책을 쓰기로 한 상태였기 때문에 베를린에 있는 하버 연구소에 다녀오기로 결심하였다. 하버 연구소(Fritz Haber Institute der Max-Plank Gesellschaft, Berlin)는 베를린 서남쪽에 있는 도시인 다렘(Dahlem)에 있었는데, 당시 학술회의가 개최되었던 체코 프라하(Praha)에서 베를린까지는 기차로 5시간 정도 걸리는 거리였다.

하버 연구소를 방문한 날은 학회가 끝난 다음 날인 2012년 8월 25일 토요일이었다. 하버에 관한 글 쓰기를 준비하면서 하버가 한동안 생활하고, 그의 이름이 붙여진 연구소를 한번쯤은 꼭 방문해 보고 싶었다. 그러나 안타깝게도 내게 주어진 시간은 그날 하루뿐이었다. 다음 날에는 일정상 귀국 비행기를 타야만 하였다. 하루 동안에 프라하에서 베를린까지 기차로 왕복하는 데만도 10시간 정도 소요되었다. 하지만 그 시간도 하버의 발자취를 만날 수 있다는 마음에 설렘으로 가득하였다. 마음 한구석에는 방문하는 날이 토요일이어서 헛걸음이 되지 않을까 하는 걱정도 있었다. 그것도 잠시, 근무자가 없더라도 하버가 생전에 연구를 하였던 장소를, 하버가 걸었던 거리를 따라 잠시 생각에 잠기면서 시간을 보내는 것도 좋을 것 같았다.

연구소가 있는 다렘까지는 베를린 역에서 전철로 30분 정도 걸렸다. 베를린 역은 규모가 매우 크고 사람도 많았다. 당시 나는 베를린을 처음 방문한 터라 열차를 갈아타는 것도, 독일어를 하지 못하는 것과 겹쳐 고생이 많았다.

여기서 잠시 하버 연구소를 경제적으로 방문하는 방법을 간략히 소개하고자 한다. 먼저 도시 간 급행열차를 타고 베를린 역에 내린다. 급행열차는 역사 아래층에 서기 때문에 전철이나 국철로 갈아타려면 엘리베이터나 에스컬레이터를 타고 위층으로 이동해야 한다. 위층에 있는 16번 출구로 가서 동물원 역(Zoologischer Garten) 방향으로 가는 열차(S-bahn)를 타고 3번째 정류장에서 내린다. 16번 출구에서 서쪽 방향으로 가는 열차들은 모두 동물원 역에 정차한다. 동물원 역에서 다시 지하철(U-bahn, U-9(노선 번호), Rathaus Steglitz 방향)을 타고 2번째 정류장(Spichernstrasse 역)에서 내린다. 다시 지하철(U-bahn, U-3, Krumme Lanke 방향)을 갈아타고 8번째 정류장에서 내린다. 역 이름은 티엘플라츠(ThielPlatz)이다. 티엘플라츠 역에서 패러데이 길(Faraday weg)를 따라 약 100여 미터를 걸어가면 하버 연구소가 눈에 들어온다. 연구소 행정동 입구 정문에는 한 그루의 나무가 우뚝 서 있는데, 하버 교수의 60회 생

:: 하버 연구소 전경(사진을 찍은 위치에는 하버의 60회 생일을 기념해서 심은 나무가 서 있다.)

일과 연구소 직원들을 기념하기 위해서 1928년에 심은 나무라고 한다.

그런데 연구소를 방문하러 간 날이 장날이었다. 돌아올 기차 시간을 생각하면 얼마 시간도 없는데 하필이면 그날 티엘플라츠 역이 공사 중이어서 그만 전철이 서지 않고 지나간 것이다. 초행길에 당황스러웠지만, 다행히 그 다음 역에서 내려 겨우겨우 물어가면서 하버 연구소를 찾아갔다.

하버 연구소에서는 화학을 공부한 사람에게는 이름만 들어도 알 수 있는 과학자, 즉 패러데이, 반트호프, 볼츠만 등의 이름이 연구소 내의 길 이름으로 사용되고 있었다. 초행길인데도 길 이름이 낯설지 않으니 반가웠다. 연구소 내에서 다시 10분 정도 걸어 드디어 내가 찾던 장소에 도착하였다. 하버 연구소를 보고 싶다는 일념으로 찾아온 것에 하늘

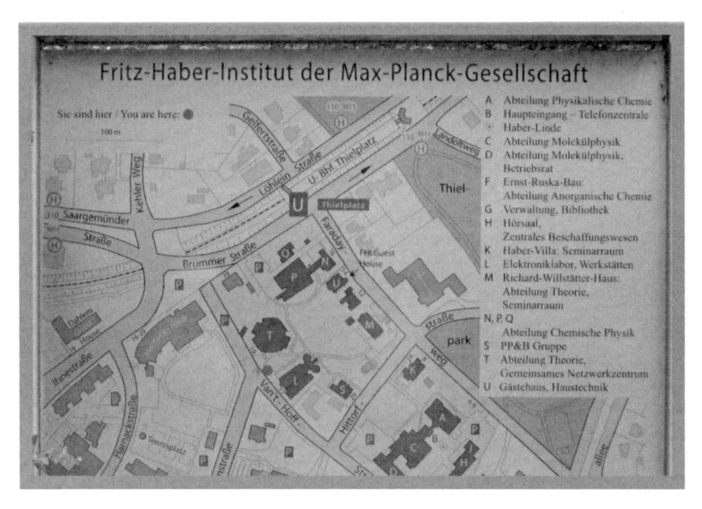

:: 하버 연구소의 안내 지도

이 도운 것 같았다. 토요일이어서인지 지나다니는 사람이 없어 연구소는 매우 조용하였다. 행정동 입구를 찾았어도 문을 열어 주는 사람이 없었다면 장장 10시간의 기차 여행과 하버 연구소의 건물 몇 개만 구경하고 사진을 찍는 것으로 만족해야 하는 상황이 되었을 것이다. 마음씨 좋은 경비아저씨를 만난 것도 행운이었다. 경비 아저씨는 말도 통하지 않는 동양인 과학자 부부에게 문도 열어 주고, 독일어로 쓰인 연구소 발간 책자도 한 권 건네주며 친절을 베풀었다. 그리고 하버의 유물이 전시된 공간까지 안내를 해 주었다.

행정동에 있는 전시 공간에는 하버의 흉상과 전시물들이 잘 진열되어 있었다. 서가도 있어서 책과 자료들이 잘 정렬되어 있었다. 서가 복도에는 아인슈타인, 막스 플랑크, 하버의 두상이 부조로 설치되어 있고, 행정동 입구의 전시 공간으로 들어서면 한쪽 벽면에 하버 교수의 동판 부조가 걸려 있었다. 그리고 바로 그 옆 벽면에는 암모니아 합성 장치와 그것에 대한 설명이 적혀 있었다. 조금 더 안쪽으로 이동하니, 하버 교수의 두상과 그의 발명품, 기념물, 기념 사진 등이 유리 진열대 안에 전시되어 있었다. 전시품에는 제1차 세계 대전에서 사용된 것으로 보이는 가스마스크와 그의 연구소에서 개발된 것으로 보이는 광학 간섭계 등도 있었다. 이 밖에 하버 교수의 전기를 담은 독일어 책도 놓여 있었다.

2011년은 하버 연구소 설립 100주년이 되는 해였다. 하버는 본래 빌헬름 황제 연구소로 출발하였고, 현재의 이름으로 불린 것은 1952년 이후이다. 본래 이 연구소는 하버 교수의 든든한 후원자였으며 은행가 겸

:: 하버의 흉상

:: 하버 연구소 입구에 전시된 초기 암모니아 합성 장치

기업가인 코펠의 지원으로 설립되었다. 다시 말해 1911년 10월 28일 코펠 재단과 프로이센 과학기술부 사이에 기부 약정 서약이 맺어지면서 그 역사가 시작되었다. 코펠 재단은 연구소 건물을 짓는 데 드는 비용을 부담하였으며, 독일 정부는 부지와 매년 운영비를 주는 약정을 맺은 것이다. 연구소 부지는 베를린 서남쪽에 있는 다렘 지역으로 현재 하버 연구소가 있는 곳이었다. 하버 연구소를 비롯하여 베를린 자유대학이 위치한 다렘은 매우 쾌적해 보였다. 독일 사람들은 다렘을 독일의 옥스퍼드라고 부르는데, 아마도 학구적인 분위기를 강조하기 위해 이와 같은 별칭을 붙인 것으로 생각된다. 하버는 그 당시 스웨덴의 유명한 물리화학자 아레니우스의 추천으로 빌헬름 연구소의 초대 소장으로 임명되었다. 제1차 세계 대전 중에는 독일의 승리를 위해서 화학 무기를 연구하고 개발하는 업무와 방호 수단을 개발하는 일들이 하버 연구소를 중심으로 이루어졌다.

하버에 대한 책을 쓰고, 하버 연구소를 둘러보면서 하버 교수의 삶을 개인적으로 생각해 볼 기회를 가지게 된 것은 내게도 소중한 경험이었다. 내가 중 · 고등학교 시절에 하버의 삶과 그의 연구에 대한 내용을 미리 알았다면 대학과 대학원을 거치면서 젊은 시절에 몰두했던 화학에 대한 그림을 더 크게 그리면서 연구를 하지 않았을까 하는 아쉬움도 있다. 하버는 과학자로서 연구에 대한 열정도 대단하였지만, 사회 · 정치적으로도 처신을 매우 잘한 과학자로 비추어진다. 당시에도 과학적 업적을 이루기 위해 필요한 연구 자금 및 후원을 받기 위해서는 과학적 재능 외에 또 다른 능력이 필요하였을 것이다. 하버는 그런 면에도 재능이 뛰어났던 것으로 보인다. 하버는 독일에서 황제의 고문 지위까지 올랐으며, 자기 조국은 독일이라는 사실을 한순간도 잊지 않고 조국에 진심으로 충성을 다한 유대인이었다. 이것을 보면 하버는 자기 정체성에 대한 심적 갈등은 그다지 하지 않았을 것으로 짐작된다. 그러나 연구에서 거둔 성공, 노벨상 수상 등과 같은 영예, 그에 걸맞은 사회적 지위 획득과는 별개로, 개인적으로는 매우 불행한 삶을 살았던 것으로 보인다. 첫 번째 부인의 자살과 두 번째 부인과의 이별은 별개로 치더라도, 자식으로서, 남편으로서, 아버지로서 자신이 책임지고 해내야 했던 역할과 처신은 매우 부족하였던 것으로 보인다. 기록으로 남아 있는 것은 거의 없지만, 이 때문에 개인적으로는 매우 어려운 시간을 보냈을 것이라고 짐작할 수 있다.

하버는 19세기 인류가 당면한 문제를 과학으로 해결한 위대한 학자였다. 이 책의 저자로서, 분명히 밝혀두고 싶고 하버의 오해를 풀어 주고 싶은 사실이 있다. 그것은 암모니아 합성에 대한 성공은 제1차 세계 대전이 일어나기 전에 이루어진 것으로 과학 역사에 한 획을 긋는 커다란 업적이었다는 점이다. 그가 독일의 전쟁 수행에 필요한 폭탄 원료를 제공하기 위해서 암모니아 합성을 성공시켰다고 말하는 것은 사실을 왜곡하는 것이다. 물론 독일이 제1차 세계 대전을 수행할 때 하버가 불타는 애국심으로 화학전을 앞장서서 진두지휘하였다는 점은 엄청난 비난을 받아도 회피할 길이 별로 없어 보인다. 그렇지만 하버는 재래식 폭탄으로 전쟁을 오래 지속하는 것보다는 화학전을 통해서 속전속결로 전쟁을 끝내는 것이 오히려 사상자를 줄이는 것이라고 생각하였던 것 같다. 이러한 자신의 과학적인 판단을 믿고 전쟁에 적극적으로 개입을 하였다는 것은 그의 기록을 더듬어 짐작할 수 있다. 그럼에도 불구하고 하버의 화학전 개념은 그 후에 진행된 제2차 세계 대전은 물론 자기 종족인 유대인을 대량 학살하는 수단으로 이용된 독극 물질의 기본 바탕이 되었다는 점에서 비극이 아닐 수 없다. 설령 개념과 목표가 올바른 방향이라고 할지라도 실행에서 엉뚱한 방향으로 진행되는 일이 한두 가지가 아니라는 것은 인류 역사가 증명하고 있다. 하버의 화학전도 예외가 아닐 것이다.

어떻게 되었든 하버는 인류의 굶주림을 해결하는 데 결정적인 역할을 하였던 과학자임에는 틀림이 없다. 그러나 그의 위대한 과학적 업적과 그가 살았던 시대의 삶의 방식, 그리고 그가 취한 태도가 엇박자를 이루었기 때문에 하버는 오늘날까지도 논란의 중심에 서 있는 과학자로 남아 있다. 그리고 어쩌면 이러한 논란은 미래에도 계속될지도 모르겠다.

참고 문헌

- Dietrich Stoltzenberg, "Fritz Haber, chemist, Nobel Laureate, German, Jew", Chemical Heritage Press, Philadelphia, Pennsylvania, 2004.
- Daniel Charles, "Master Mind: The Rise and Fall of Fritz Haber, the Nobel Laureate who Launched the Age of Chemical Warfare", HarperCollins Publisher Inc., 2005.
- Patrick Coffey, "Cathedrals of Science: The personalities and Rivalries that made Modern Chemistry", Oxford University Press, 2008.
- "Determinants in the Evolution of the European Chemical Industry, 1900-1939: New Technologies, Political Frameworks, Markets and Companies(Chemists and Chemistry)" A. S. Travis et al edited, Kluwer Academic Publishers, 1998.
- Magda Dunikowska and Ludwik Turko, "Fritz Haber: The Damned Scientist", Angew. Chem. Int. Ed. 2011.

- J. P. Kehrer, "The Haber-Weiss reaction and mechanisms of toxicity", Toxycology, 2000.
- J. T. Stock, "Max Le Blanc' s Studies on Electrolytic Polarization", Bull. Hist. Chem., 1998.
- M. Goran, "The Present-Day Significance of Fritz Haber", American Scientist, 1947.
- 송성수, '두 얼굴을 가진 화학자, 프리츠 하버', 화학세계, 2008, 10월호.
- 신현철, "하버가 들려주는 화학산업 이야기", ㈜자음과모음, 2011.
- Carl Bosch, "The development of the chemical high pressure method during the establishment of the new ammonia industry", Nobel Lecture, May 21, 1932.
- Fritz Haber, "The synthesis of ammonia from its elements", Nobel Lecture, June 2, 1920.
- Willam Gump and Ilse Ernst, "Absorption of Carbon Monooxide by

Cuprous Ammonia Salts", Industrial and Engineering Chemistry, 22, 382-384, 1930.

- http://www.rsc.org/chemistryworld/2012/07/luggins-capillary
- http://en.wikipedia.or

찾아보기

공기로 빵을 만든다고요?

1판 1쇄 펴냄 | 2013년 7월 15일
1판 3쇄 펴냄 | 2014년 9월 30일

지은이 | 여인형
발행인 | 김병준
발행처 | 생각의힘
등록 | 2011. 10. 27. 제406-2011-000127호
주소 | 경기도 파주시 회동길 37-42 파주출판도시
전화 | 070-7096-1331
홈페이지 | www.tpbook.co.kr

공급처 | 자유아카데미
전화 | 031-955-1321
팩스 | 031-955-1322
홈페이지 | www.freeaca.com

ISBN 978-89-969195-4-4 03400